W0088206

Michael Dauth

Wer ist der Chef?

Michael Dauth

Wer ist der Chef?

Wie dominante Pferde zu Partnern werden

KOSMOS

Wer ist der Chef?

Zu diesem Buch

Um es zu Beginn gleich deutlich zur Ansage zu bringen:
Es gibt mehrere Arten Fremdsprachen: Ausländisch, Politisch, Diplomatisch und nicht zuletzt Psychologisch. Ich werde in diesem Buch keine dieser Künste anwenden. An ein paar Stellen werde ich sehr deutliche Worte verwenden, die für mich Werkzeug sind. Werkzeug dafür, die Dinge auf den Punkt zu bringen und um Ihnen dadurch einen Spiegel vorzuhalten. In diesem können Sie erkennen, ob Sie das Zeug zu einem Anführer in Ihrer Beziehung zu Pferden haben. Wenn Sie dieser Ausdrucksweise nicht gewachsen sind, können Sie das Buch jetzt schließen. Sie werden dann in der Beziehung mit Ihrem Gaul wohl nie der Chef sein!

Worum geht's?
Bei Beziehungen zwischen Mensch und Pferd stellt sich für die meisten Pferdefreunde einmal die Frage: Wer ist nun der Chef? Bin ich es oder ist es mein vierbeiniger Teufel? Warum haben Freunde bei mir im Stall viel mehr Erfolg in Sachen Dominanz, als ich es habe?

Nun, in vielen sehr guten Beiträgen bekannter Autoren habe ich gelesen, welche Übungen für die Ausbildung der Pferde angewandt werden können. Doch nur manches Mal lieferten die schreibenden Trainer Hinweise darüber, wie sich der Besitzer gegenüber seinem Vierbeiner zu verhalten hat.

In den meisten mir bekannten Büchern legen also die Ausbilder hauptsächlich Wert darauf, das Pferd zu trainieren. Eher am Rande wird der Mensch auf den Prüfstein gestellt. Wie aber soll man einem reitenden Freund die Frage beantworten, warum er trotz intensivsten Trainings mit seinem Rösslein nicht die gewünschte Führungsposition in einer vertrauensvollen Beziehung erreicht? Meine Antwort darauf ist klar:

„Es liegt nie, niemals am Pferd!"

Deshalb müssen wir die Ursachen woanders suchen. Was denken Sie, wo wir mit unserer Suche beginnen sollten? Natürlich bei Ihnen!

Sind Sie eine Führungspersönlichkeit? Woher wissen Sie das? Anhand welcher Kriterien bemessen Sie das und ... sind Sie sich wirklich sicher?

Im Alltag unter Menschen gibt es unzählige Positionen, in denen Führungsqualität erwartet wird. In einem Verein sind das Trainer oder Spielführer, in der Familie sind es die Eltern. In der Schule sind das die Lehrer oder in der Schulklasse die Klassensprecher. Im Beruf übernehmen Vorgesetzte die Verantwortung und im sozialen, karitativen Bereich gibt es die guten Seelen, die eigeninitiativ helfen. Sie alle haben eines gemeinsam: Sie haben die Aufgabe, Einzelne oder eine Gruppe zu einem vorbestimmten Ziel zu führen. Dabei legen sie die Regeln fest, die zum Erreichen der Ziele notwendig sind.

Den Menschen stehen untereinander Möglichkeiten zur Verfügung, die in einer Herde von Pferden nicht anwendbar sind. Haben Sie beispielsweise schon mal mit Ihrem hufbeinigen Freund Argumente ausgetauscht oder haben Sie mit ihm einmal ein Beurteilungsgespräch geführt und ihm anschließend ein Zeugnis ausgestellt?

Und doch können wir eine Reihe an Gemeinsamkeiten zwischen den Chefs bei Menschen und bei Tieren feststellen. Sie haben bestimmt schon einmal bei einem Familienfest Eltern beobachtet, die ihre Kinder zum eintausendsten Mal dazu auffordern, still zu sitzen und nicht im Wohnzimmer oder in der Gaststätte herumzutollen. Und kennen Sie nicht auch Mamas und Papas, bei denen das immer und vorbildlich funktioniert; deren Kinder sich innerhalb eines angemessenen Geräuschpegels spielend miteinander beschäftigen, ohne dass die Eltern permanent in irgendeiner Form einschreiten müssen? Dabei haben Sie sicherlich erkannt, dass die ruhig spielenden Kinder eine innere Zufriedenheit ausstrahlen, während die schreienden Biester niemals einen Eindruck glücklicher Kinder vermitteln? Und trotzdem: Beide Elternpaare übernehmen die leitenden Positionen, erreichen aber unterschiedliche Ergebnisse bei ihrem Nachwuchs. Was glauben Sie, sind die Ursachen für das eine und für das andere Erziehungsergebnis?

Sie können jetzt einmal darüber nachdenken und während Sie das tun, beantworten Sie sich selbst auch gleich die Frage, welches Ergebnis Ihnen mit Ihrem Pferd lieber wäre.

Legen Sie das Buch ruhig einmal beiseite; nehmen Sie sich die Zeit dazu und schauen Sie in den Spiegel.

Denkpause

Ich unterstelle Ihnen, dass Sie sich ein Pferd wünschen, das ausgeglichen und artgerecht in einer Beziehung mit Ihnen steht. In dieser Beziehung können Sie die Rolle des Chefs übernehmen, und zwar, ohne dass das Pferd dabei auch nur einen winzigen Anteil der artgerechten und ausgeglichenen Lebensqualität verliert.

Um die Rolle des Leitenden übernehmen zu können, bedarf es vielerlei. So muss ein menschlicher Alpha über ein präzises Verständnis zu seiner Position als Chef verfügen, das er – auf der Basis eines Grundlagenwissens – ganz alleine für sich selbst entwickelt (!). Den Alltag mit seinem Pferd gestaltet der Anführer kreativ mit seinen praktischen Fertigkeiten.

Es stellt sich also die Frage: Sind Sie bereit für diesen Job? In Kapitel 1 werde ich grundsätzliches Wissen über die Pferde ansprechen und Ihnen dazu einige Fragen stellen. Diese Fragen werde ich jedoch nicht beantworten, weil nur Sie in der Lage sind, für sich selbst darauf eine ehrliche Antwort zu finden. Ich werde Ihnen damit einen Spiegel zur Verfügung stellen, in dem Sie Ihr eigenes Ich erkennen können.

In Kapitel 2 erfahren Sie etwas über meine persönlichen Erfahrungen. Es kommt mir an dieser Stelle sehr darauf an, dass Ihnen im Umgang mit Ihrem Pferd klar wird, dass Sie selbst diese Beziehung aus Ihrem Verhalten heraus gestalten können. Die in diesem Kapitel geschilderten Übungsbeispiele sind für das Wie von untergeordneter Rolle; sie dienen ausschließlich dem Zweck, die Methode des Vertrauensaufbaus praktisch zu beschreiben.

Insgesamt werden Sie in diesem Buch Schritt für Schritt an die Rolle des Alphas herangeführt – sofern Sie das Zeug dazu haben und die Zeit dafür aufbringen wollen.

Grundlagen

Der Begriff Dominanz

Bevor wir uns der Frage stellen, wie Sie eine dominante Position in der Beziehung zu Ihrem Pferd erreichen, müssen wir zunächst sicherstellen, dass wir ein gleiches Verständnis zum Begriff der Dominanz entwickeln.

Dazu lade ich Sie ein, mit mir eine kleine Weltreise zu machen, auf der wir die Verhaltensweisen unterschiedlicher Geschöpfe unserer Erde beobachten werden.

Auf unserer ersten Station in den Wäldern Nordamerikas legen wir uns auf die Lauer und sehen den Bären zu, wie sie sich bei der Jagd nach Lachsen verhalten. Seinem Instinkt folgend, versucht jeder anwesende Grizzly den günstigsten Platz am Wildbach für sich in Anspruch zu nehmen. Jedem dieser Einzelgänger muss es gelingen, sich einen ausreichenden Fettvorrat anzufressen, um den kommenden Winter zu überstehen. Streitigkeiten sind dabei vorprogrammiert und nicht immer geht es dabei zimperlich zu: Junge Bären werden von den größeren vertrieben, Männchen schlagen die Mütter samt ihrer Jährlinge in die Flucht. Die Stärksten in der Gruppe hauen sich gegenseitig die Pranken um die Ohren.

Weiter auf unserer Expedition erspähen wir in Afrika zwei stattliche Krokodilbullen beim Kampf um das Vorrecht an den Stränden des oberen Nil. Riesige Wasserfontänen steigen empor, als die beiden Konkurrenten sich umeinander windend ihre gewaltigen Kräfte demonstrieren.

Währenddessen, nur ein paar hundert Meter weiter, verfolgt eine Herde Antilopen gespannt, wie wohl die Herausforderung eines jungen Bockes gegen ihren alten Anführer ausgehen wird. Eingehüllt von einer dichten Staubwolke stemmen sich diese beiden Kontrahenten Stirn an Stirn gegeneinander und versuchen jeweils den anderen zurückzudrängen.

Wir ziehen weiter auf unserem Trip und verweilen in Sibirien. Dort werden wir Zeuge einer Fehde zwischen zwei mächtigen Tigern. Auf den Hinterläufen stehend und ineinander verkrallt, tragen auch diese beiden Gegner einen Konflikt auf ihre spezielle, ihrer Art gerechte Weise miteinander aus.

Auf unserer Rundreise konnten wir bisher Auseinandersetzungen verschiedener Individuen derselben Spezies betrachten.

Doch als wir einen Abstecher nach Australien machen, wird uns ein besonderes Schauspiel geboten: Eine Giftschlange hat sich fauchend um einen Dingo gewickelt, der sich lautstark verteidigt. In diesem Gefecht sind, anders als zuvor, zwei verschiedene Tierarten aneinander geraten. Von der Natur mit den unterschiedlichsten Fähigkeiten ausgestattet, tragen auch diese zwei Widersacher ihr ganz besonderes Duell miteinander aus.

Beenden wir hier unsere Reise und halten wir gemeinsam Folgendes fest:

In jeder Szene haben wir bei allen Tieren den Einsatz körperlicher Kraft wahrgenommen. Ganz allgemein kann man bei Tieren feststellen, dass sie diese physischen Fähigkeiten nur dann einsetzen, wenn es darum geht, das eigene Leben oder die eigene Art zu erhalten. Niemals würde ein Tier aus einem anderen Grunde von diesen Möglichkeiten Gebrauch machen.

Da ist aber noch mehr, was wir berücksichtigen müssen: Körperliche Macht wird von Tieren ausschließlich dann eingesetzt, wenn zuvor andere Mittel versagt haben. Ich spreche von den geistigen Kräften der Tiere, die immer als allererste Waffe eingesetzt werden. Diese Fähigkeiten haben wir auf unserer Reise deshalb nicht beobachten können, weil wir immer erst dann an den Austragungsorten angekommen waren, als die Vorspiele beendet waren und die Kämpfe bereits ausgetragen wurden.

Wären wir jeweils früher in den Kampfarenen eingetroffen, hätten wir zum Beispiel das niederfrequente Brummen der Krokodile durch das aufschäumende Wasser wahrgenommen. Wir hätten auch die beiden Antilopen dabei beobachten können, wie sie sich scheinbar bewegungslos in einigem Abstand gegenüber stehen und sich mit starrem Blick anvisieren. Auch in Australien würden wir Zeuge der Drohgebärden von Reptil und Wildhund geworden sein.

Jedes einzelne Tier, jede Art spricht dabei eine unterschiedliche Sprache und doch verstehen sie sich alle untereinander. Während der Drohung messen die Tiere zunächst ihre geistigen Kräfte miteinander. Sie teilen dem Widersacher mit, dass sie alle Mittel einzusetzen bereit sind, um ihre Positionen zu verteidigen. In dieser Phase der Warnung wird bereits ein mentaler Druck aufgebaut, dem nicht jeder Herausforderer gewachsen ist. Und genau deshalb kommt es sehr häufig vor, dass durch den Einsatz dieser psychischen Mittel die gefährlichen Kämpfe erst gar nicht ausgetragen werden.

Beide Mittel, geistige und körperliche Kraft, wenden die Tiere nur zu einem einzigen Zweck an: nämlich zur Erhaltung ihrer Art. Der jeweilige Grund, warum sich zwei Widersacher in einer Auseinandersetzung gegenüberstehen, ist an diesem Punkt von untergeordneter Bedeutung. Fakt ist: Sie haben sich auf unterschiedlichen Positionen eingefunden und jeder für sich versucht, seine ganz eigenen Ziele dominant durchzusetzen.

Vielleicht fragen Sie sich jetzt, warum ich mit Ihnen diesen kurzen Trip um die Welt gemacht habe. Der Grund dafür ist einfach: Ich möchte Sie dafür sensibilisieren, dass körperlicher und geistiger Druck im Reich der Tiere etwas völlig Normales ist.

Dabei spreche ich ganz bewusst nicht von Gewalt oder Brutalität.

Diese beiden Begriffe entstehen bei uns Menschen, wenn wir aus dem Verständnis unseres Alltags bei einem Konflikt für eine unterlegene Seite Partei ergreifen. Häufig bewerten wir dann das angewandte Verhalten des Überlegenen als unfair oder brutal. Mit solchen Urteilen sollten wir jedoch vorsichtig umgehen. Wir sollten dabei sehr differenziert betrachten, ob an den Streitigkeiten Menschen beteiligt sind oder eben nicht.

Denn Menschen besitzen im Gegensatz zu allen anderen Geschöpfen auf diesem Planeten die Fähigkeit, komplexe Zusammenhänge innerhalb einer Gesamtsituation zu begreifen. Leider aber gelingt es ihnen selten, genau diese Fähigkeiten zu gebrauchen, wenn sie selbst Teil des Konflikt-Geschehens sind. So kann es vorkommen, dass diese Menschen im Zorn eine Aggressivität entwickeln, die sie währenddessen oder anschließend durch einen unverhältnismäßigen Gebrauch von physischer und psychischer Kraft entladen.

In solchen Momenten besteht bei Menschen außerdem die Gefahr, dass es an einer Stelle zur Entladung ihrer seelischen Anspannung kommt, die überhaupt nicht die Ursache des entstandenen Zorns gewesen war.

Dieses Verhalten, nämlich die Unverhältnismäßigkeit der eingesetzten Kräfte und die verloren gegangene Orientierung, empfinden wir als unfair, brutal oder gewalttätig.

Tiere hingegen sind zu solchen zivilisierten Vorgängen nicht fähig; ihre Handlungen sind immer direkt. Das bedeutet, dass Tiere entweder sofort auf einen Vorfall reagieren oder gar nicht. Und wenn sie reagieren und es kommt zu einer Auseinandersetzung mit dem Verursacher, dann setzen sie ihre Waffen sehr dosiert ein. Von ihren physischen und psychischen Möglichkeiten benutzen sie gerade einmal so viele, um als Sieger aus dem Zweikampf hervorzugehen.

Dabei kann es trotzdem sehr grob zur Sache gehen. Ich frage Sie aber: „Na und?"

Denn es ist doch so: Zu einem ernsthaften Gerangel kommt es tatsächlich nur dann, wenn zuvor der psychische Wettkampf keine Entscheidung gebracht hatte und wenn beide Kontrahenten auch physisch ungefähr gleich stark sind. Und weil das so ist, kann jeder dieser beiden etwas Prügel verkraften. Sobald dann einer der Haudegen zu erkennen gibt, dass er genug hat, beenden beide, der Unterwürfige und der Dominante, sofort den Kampf. Es gibt für die Parteien überhaupt keinen Grund mehr, wertvolle Energie für einen bereits entschiedenen Kampf aufzubringen.

Fall 1: Stellen Sie sich einmal vor, Sie besuchen einen Weltmeisterschaftsboxkampf in der Schwergewichtsklasse. Weil es Ihnen danach ist, klettern Sie einfach in den Ring und verpassen einem der beiden Athleten mit aller Kraft, die Sie aufbringen können, einen gewaltigen Hieb zwischen die Rippen. Ergebnis: Obwohl der Boxer Ihren Schlag spürt, wird er Sie überlegen anlächeln.

Fall 2: Und jetzt stellen Sie sich vergleichsweise vor, Sie stehen in der Schlange einer Essenausgabe im Seniorenheim. Sie verpassen einem schmächtigen Drängler ebenso einen Hieb, wie davor dem muskulösen Boxer. Ergebnis: Das Männchen geht nach einer dreifachen Pirouette zu Boden und verzichtet für die nächsten Tage auf jegliche Mahlzeit.

Fall 3: Und nun stellen Sie sich vor, Sie rangeln auf der überfüllten Tribüne eines Fußballstadions mit einem ungefähr gleich starken Besucher um den letzten freien Sitzplatz. Kurz vor Ende der Toberei, nach erfolglosen Diskussionen und Drohungen, boxen Sie sich gegenseitig in die Bauchhöhle. Ergebnis: Irgendwann nimmt einer von Ihnen beiden Platz und die Sache ist erledigt.

Mit diesen Bildern sollte Ihnen deutlich werden, dass Auseinandersetzungen wie bei Fall 1 (Boxer) und Fall 2 (Drängler) kaum vorstellbar sind – bei Menschen ebenso wenig wie im Tierreich: Keine Hausmieze würde ihre Tatzen einem ausgewachsenen sibirischen Tiger ins Fell hauen (Fall 1), genauso wenig würde ein riesiger Grizzly einem Waschbärchen eine Tracht Prügel verpassen (Fall 2). Niemals messen ungleiche Parteien ihre körperlichen Kräfte miteinander.

Der dritte Fall (Fußball-Besucher) allerdings ist bei uns Menschen zwar eher unwahrscheinlich, aber dennoch denkbar. Unter Tieren hingegen sind solche Szenen an der Tagesordnung. Das liegt daran, dass die psychischen Mittel dieser Geschöpfe sehr beschränkt sind. Führen die Drohgebärden nicht zur Entscheidung, dann wird mit körperlichem Einsatz gekämpft. Das können die Tiere, das verstehen die Tiere und sie sind auch fähig, das auszuhalten.

Ich habe diese drei Beispiele konstruiert, damit wir erkennen, dass es bei dem Einsatz von körperlichen Kräften unter Tieren darauf ankommt, dass ein Gleichgewicht zwischen den Parteien besteht. Nur wenn diese Bedingung erfüllt ist, kommt es überhaupt erst zu einem Kräftemessen und dann ist das auch vollkommen in Ordnung. Wann immer wir Menschen in das Leben der Tiere eintreten, müssen wir uns dieser Voraussetzung bewusst sein.

Nun ist es aber so, dass die Kräfte von uns Menschen nicht annähernd vergleichbar sind mit denen unserer Tiere. In jedem Fall sind wir Zweibeiner den Vierbeinern geistig überlegen. Körperlich sind wir, je nach Tierart, manchmal im Vorteil, manchmal unterlegen. Regelmäßig benachteiligt sind wir Menschen im Bereich der Instinkte.

Wegen dieser Unterschiede müssen wir mit unserer Intelligenz eine Balance der Kräfte herstellen. Wir müssen lernen, unsere Fähigkeiten mit denen der Pferde zu vergleichen und unsere Stärken so einzusetzen, dass unser Verhalten von den Tieren verstanden und akzeptiert werden kann.

Wenn ein Dompteur seinem Elefantenbullen einen heftigen Fußtritt verpasst, führt das zu der gewünschten Aufmerksamkeit des Dickhäuters (Fall 1, Boxer). Würden wir denselben Stoß gegen unsere Hauskatze richten (Fall 2, Drängler), dann, na ja ... beurteilen Sie selbst!

Sollten Sie also morgen wieder zu Ihrem Pferd gehen, dann haben Sie – falls nötig – keine Hemmungen, Ihrem Liebling unter dem Einsatz Ihrer körperlichen Kräfte klar zu machen, dass Sie mit einem bestimmten Verhalten des Tiers nicht einverstanden sind. Achten Sie dabei darauf, dass Sie Ihre Dominanz schnell und direkt, der Situation angemessen und unter Einhaltung der Balance der Kräfte demonstrieren. Vor allen Dingen aber: Tun Sie es! Verlieren Sie dabei nicht den Respekt vor dem anderen Wesen – aber: Tun Sie es!

ααα

Ich möchte an dieser Stelle auf ein paar ernste und gleichfalls sensible Themen eingehen. Diese Punkte sind mir sehr wichtig, weil beim Umgang mit Tieren immer eine Gefahr für Tier und Mensch besteht.

Es ist meine Überzeugung, dass man in der Zusammenarbeit mit Tieren, gleich welcher Art, keine Brutalität anwenden darf, um eine vertrauensvolle Beziehung zwischen Mensch und Tier herzustellen. In Argentinien habe ich erlebt, wie man dort wildlebende Pferde zähmt und ausbildet. Ich verurteile diese übertriebene Gewalt, weil sie nach meiner Überzeugung häufig nur ein Ergebnis fehlender Geduld und überdimensionierten Macho-Gehabes darstellt.

Doch auch in unserer Nachbarschaft haben wir Pferdefreunde schon vielseitige Schindereien miterlebt: zum Beispiel beim alltäglichen Verladen der Tiere. Oder etwa im Springsport bei der Methode, Stacheldraht um die Querstangen der Sprunghindernisse zu wickeln.

Auch von solchen Praktiken distanziere ich mich in aller Deutlichkeit, weil ich darin keine artgerechte Behandlung dieser Wesen erkenne. Wir wissen nicht erst seit Monty Roberts, dass es andere Wege gibt, um pferdegerechte Ergebnisse zu erzielen.

Und doch: Auch der sanftere, wie ich denke artgerechte Weg zur vertrauensvollen, dominanten Chefposition ist nicht ohne Gefahr – in diesem Falle eher für den Menschen. Gerade bei Herdentieren müssen wir akzeptieren, dass wir als Teil der Herde auch den Gesetzen der Herde (psychischer und physischer Kraft) ausgesetzt sind, und zwar jede Sekunde. Wenn wir als Alpha den Anspruch erheben, dass uns die Gruppe vertraut, müssen wir jedes einzelne Tier davon überzeugen, dass wir geistig und körperlich dazu in der Lage sind, den Schutz für die Gemeinschaft zu gewährleisten. Für einen gesunden Menschen stellt dies eine große Herausforderung dar, will er körperlichen Schaden an sich selbst vermeiden. Diejenigen Pferdefreunde unter uns, die mit einer gesundheitlichen Einschränkung in diese Aufgabe hineingehen, müssen umso mehr versuchen, ihren ganz eigenen Weg zur Balance der Kräfte zu finden.

Für uns alle aber gilt aber gleichermaßen: Es geht nicht ohne Risiko.

Der Begriff Vertrauen

Ich gebe zu, dass ein Vertrauen nicht erforderlich ist, um Anführer zu sein. Eine reine erzieherische Härte ist völlig ausreichend, um einen Gaul zu seinem Untertan zu machen. Glauben Sie mir, ein Pferd ordnet sich auch einem Traktor unter, wenn es an diese Zugmaschine angebunden ist und sich das Ding in Bewegung setzt. Grobheit, Strenge und Schärfe bringen ein Pferd dazu, dass es sich unterordnet. Das ist übrigens unter Menschen nicht anders!

Stellen Sie sich dazu folgende Szene vor:
Sie arbeiten zum Beispiel in einer Firma, in der sich der Chef nur dann zeigt, wenn es Grund zum Motzen gibt. Und wenn er schon mal da ist, übt er gleich massiven Druck auf Sie und Ihre Kollegen aus. Schließlich hat er ja weder die Zeit noch die Lust, Ihnen oder Ihren Kollegen permanent das Händchen zu halten. Drohungen, Abmahnungen und andere Dinge mehr lassen keinen Raum zur Diskussion darüber, wer der Leitende ist.

Aus dem inneren Wunsch nach Ruhe und Behaglichkeit heraus tun Sie und Ihre Kollegen alles Notwendige, um den lautstarken Chef schnell wieder loszuwerden: Sie geben nach! Sie erörtern nicht die Lage, Sie widersprechen nicht – Sie beugen sich dem auf sie ausgeübten Druck und unterwerfen sich. Die Positionen sind geklärt und der Chef verschwindet. Ruhe ist, bis er beim nächsten Mal wieder wie ein Trecker in Ihr Büro donnert.

Versuchen Sie einmal, diese Situation auf den Stall zu übertragen. Gewiss haben Sie schon einmal bei sich in der Boxengasse oder auf dem Reitplatz diejenigen Pferdehalter beobachtet, die sich nicht anders gegenüber ihrem Ross verhalten, als der oben erwähnte Chef. Oft werden diese Leute von den anderen Reitfreunden bewundert, weil deren Vierbeiner scheinbar alles tun, was von ihnen verlangt wird.

Ja, das funktioniert! Körperlicher und geistiger Zwang gegenüber einem Pferd reichen aus, um viele Ziele im Reitsport zu erlangen. Dabei unterwerfen sich die Pferde der auf sie ausgeübten Gewalt, weil sie keine Wahl haben.

Da die Tiere in der Lage sind, einfachste Zusammenhänge zu erkennen, haben sie gelernt, dass es für sie besser ist, das zu tun, was von ihnen gefordert wird, als sich dem Zweibeiner zu widersetzen.

Wenn Sie jetzt darüber denken, das ist doch eine tolle Sache, dann schließen Sie das Buch sofort und verschenken Sie es!

Sie lesen weiter? In Ordnung!

Wäre es uns möglich, in einer der oben vergleichbaren Situation einem so behandelten Pferd in die Augen zu sehen, würden wir keinen Glanz darin erkennen. Bestimmt würden wir auch die für diese Tiere natürliche Neugierde vermissen, die sich beispielsweise dadurch zeigt, dass sich die Rösser interessiert jedem auftauchenden Menschen zuwenden, um seine Witterung aufzunehmen.

In der oben dargestellten Szene, in der ohne Vertrauen und nur durch Härte Ziele erreicht werden können, gibt es natürliche Grenzen.

Um diese Grenze zu erkennen, müssen Sie sich zunächst immer wieder darüber im Klaren sein, dass unsere Pferde Herdentiere sind. Und sie sind es deshalb, weil sie Beutetiere sind.

Beutetiere haben Angst, gefressen zu werden und deshalb fürchten sie sich grundsätzlich vor allem und jedem. Aus dieser Furcht heraus entstehen dann die Situationen, in denen durch Druck nichts mehr erreicht werden kann. Nämlich dann, wenn das Gefühl der Angst vor irgendetwas größer ist als das Gefühl der Unbehaglichkeit, wenn sich das Pferd Ihnen bei einer Übung widersetzt. Hat der Gaul Angst, geht er dann eben nicht in den Hänger und er wird auch nicht mit Ihnen über ein 1,5 Meter hohes Hindernis springen. Sie werden dann nicht annähernd so viel Härte aufbauen und Gewalt anwenden können, um das Pferd an die von Ihnen gesteckten Ziele zu führen.

Das Pferd ist Beutetier und hat – warum auch immer – in solchen Momenten Todesangst! Dann ist die natürliche Grenze erreicht, an der Sie, ohne dass das Tier Ihnen vertraut, nichts, aber wirklich gar nichts mehr mit Gewalt erreichen können!

Meine ganz persönliche Vorstellung von einer Beziehung zwischen Mensch und Pferd ist die, dass sie auf der Basis von Vertrauen aufgebaut wird, und zwar von gegenseitigem Vertrauen. Damit meine ich, dass sich beide Partner in den verschiedensten Situationen auf den anderen verlassen können. Gefühlte Aussagen wie „Auf meinen Kumpel ist Verlass“ oder „Das traue ich meinem Gefährten zu“ stellen für mich die allergrößten Werte dar, die ich mir im Zusammensein mit meinen Tieren wünsche. Doch um diese Ziele erreichen zu können, ist es unbedingt notwendig, dass die Positionen geklärt sind. Wer in der Partnerschaft für welchen Job zuständig ist, muss geregelt sein, weil nur mit der klaren Verteilung der Rollen die Erwartungshaltung des anderen erfüllt werden kann. Die Erfüllung einer Erwartung liefert die Basis für die Verlässlichkeit und die Verlässlichkeit bildet das Fundament für das Vertrauen.

Denkpause

Was aber genau ist Vertrauen?
Für mich bedeutet Vertrauen, dass ich meinem Pferd die Wahl lasse, eine Entscheidung für sich selbst zu treffen. Der Erfolg stellt sich dann ein, wenn mein Pferd dazu bereit ist, mir freiwillig zu folgen.

Ich meine FREIWILLIG! Das bedeutet, das Pferd hat eine Wahl und entscheidet sich dafür, mich zu begleiten.

Dieses Training verlangt von mir ein Höchstmaß an Geduld. Jede einzelne Lektion ist so oft zu wiederholen, bis sich das Tier dazu entschließt, den von mir bestimmten Weg zu gehen. Nach und nach erkennt das Pferd, dass es mir als Chef folgen kann, ohne dass da irgendwelche Gefahren lauern. Mit dieser Ausdauer gestalte ich jede weitere Übung – Tag für Tag, Woche für Woche. Dabei stelle ich fest, dass sich mein Tier immer schneller dazu bereit erklärt, sich mir anzuschließen. Die Rolle des vertrauensvollen Leiters habe ich dann erreicht, wenn mir meine Stute in jeder neuen Situation sofort und spontan folgt, weil sie sich auf meine Fähigkeiten, sie zu leiten, verlässt.

Also: Um die Rolle des Chefs in der Beziehung einnehmen zu können, reicht es eben nicht aus, diese Position einfach für sich in Anspruch zu nehmen und darauf zu hoffen, dass sich das liebe Pferdchen schon damit zufrieden geben wird. Nein. Diesen Status muss man sich verdienen; und das ist für Körper und Geist eine richtig anstrengende Aufgabe.

Gehen wir die Sache einmal Schritt für Schritt an:
1. Schritt: Wir wollen Chef sein!
Dazu müssen wir in der Lage sein, die Fähigkeiten zu erlernen, die zur Ausführung dieser dominanten Position erforderlich sind. Da wir Menschen es sind, die in die Tierwelt eindringen, müssen wir unsere Führungsqualität artgerecht unter Beweis stellen.

2. Schritt: Wir wollen ein verlässlicher Chef sein!
Dazu müssen wir in der Lage sein, unseren Gefährten eine Beständigkeit unseres Verhaltens zu liefern. Es darf ganz einfach nicht passieren, dass sich das Pferd fragt, wie wir heute gerade gelaunt sind; ob wir mal wieder Lust dazu haben, Chef zu sein. Nein. Chef ist man immer oder gar nicht.

3. Schritt: Wir wollen ein vertrauenswürdiger Chef sein!
Dazu müssen wir in der Lage sein, die Erwartungen, die an einen Alpha gestellt sind, zu erfüllen. Ich halte das für die schwierigste Aufgabe insgesamt, weil die Erwartung eines Beutetiers an seinen Chef ganz einfach die ist, dass er das Leben seiner Herdenmitglieder schützt.

Denkpause

Der Begriff Chef

Ich denke, an dieser Stelle müssen wir uns über das Verständnis des Begriffs Chef einig werden.

Für manche unter uns ist die Rolle des Chefs schon dadurch geregelt, dass wir ein Tier kaufen. Wir besitzen es wie ein Auto; es gehört uns und wir können damit tun und lassen, was wir wollen. Diese Haltung wird von solchen Pferdebesitzern häufig dadurch untermauert, dass im rechtlichen Sinne das Tier eine Sache darstellt. Damit erwirbt man sich ein Recht an der Sache, niemals aber geht man damit im juristischen Sinne in irgendeiner Form eine Verpflichtung ein (?).

Andere unter uns glauben, die Rolle des Chefs wird dadurch erreicht, indem das Tier geputzt und gefüttert wird. Schließlich können die Tiere ja ohne unsere Betreuung und Fürsorge nicht überleben. Das werden die Tiere dann schon genauso beurteilen und sich deshalb dankbar unterordnen (?).

Eine ganz besondere Gruppe von Menschen ist davon überzeugt, dass mit genügend Gewalt gegenüber den Tieren die Positionen zu klären sind (?).

All diese Standpunkte entsprechen weder meiner Vorstellung noch meiner Erfahrung. Daher würde ich mich sehr freuen, wenn Sie bereit sind, meiner Sichtweise zu folgen. Dazu möchte ich zunächst kurz auf eine der oben dargestellten Varianten eingehen:

Wenn wir Tiere aus ihren naturgegebenen Lebensräumen herausholen, sie zu uns bringen, zum Beispiel auf unseren Hof, in unseren Stall oder auch in unsere Wohnung, dann ist es schon richtig, dass diese Pferde, Schlangen oder Wellensittiche in dem von uns für sie bestimmten neuen Lebensraum nicht alleine überleben können. Allerdings dürfen wir dabei nicht vergessen, dass wir Menschen es waren, die die Tiere in Besitz genommen und aus ihrer Heimat entführt haben. Wir dürfen auch nicht das Bewusstsein darüber verlieren, dass die Tiere in ihrer angestammten Wildnis sehr wohl in der Lage sind, ganz ohne den Menschen zurechtzukommen.

Es spielt dabei überhaupt keine Rolle, ob wir persönlich die Tiere zu uns holen oder ob wir diesen Job von einem Händler oder Züchter übernehmen lassen, bei dem wir zum Beispiel ein Pferd kaufen. Fakt bleibt immer, dass die Tiere nicht selbst den Weg gewählt haben, Eigentum eines Menschen zu sein und bei diesem zu leben.

Denkpause

Weil wir Menschen die Entscheidung getroffen haben, uns Tiere anzuschaffen, brauchen wir uns nicht das Geringste darauf einzubilden, dass wir die Tiere füttern und pflegen. Das sollte für jeden von uns selbstverständlich sein. In keinem Fall aber hat die Fürsorge gegenüber einem Tier etwas damit zu tun, dass wir aus der Rolle des Versorgers einen Anspruch auf die Führungsposition ableiten können.

Chef in einer Beziehung mit einem Tier zu sein, bedeutet für mich in allererster Linie, dass ich die Rolle des Alphas übernehme. Und ich tue das so, wie das ein anderes Tier an meiner Stelle auch tun würde.

Denkpause

Aber warum will ich der Boss sein?

Ich will der Chef sein, damit ich die Entscheidungen treffen kann, wenn ich mit meinem Tier zusammen bin. Vielleicht bediene ich dabei (m)ein kleines Ego (das will ich an dieser Stelle gar nicht erst verheimlichen). Der wichtigere Grund dafür ist aber ein anderer: Es geht mir darum, dass ich die Ziele, die ich für uns, nämlich für das Pferd und für mich, gesteckt habe, auch tatsächlich erreichen (!) kann. Darum geht es mir und um nichts anderes. In dieser Zielsetzung unterscheide ich mich von keinem anderen Menschen, der sich ein Tier angeschafft hat, auch nicht von Ihnen. Stimmt's?

Ich will darüber bestimmen, welchen Weg wir einschlagen, wenn wir auf einem Geländeritt unterwegs sind. Ich will entscheiden, wann gegessen beziehungsweise gefressen wird. Ich habe überhaupt keine Lust dazu, dass mir mein Pferd ständig beim Aufsatteln Schwierigkeiten bereitet. Und ich habe auch verdammt noch mal nicht das geringste Interesse daran, dass mich mein listiges Ross vor lauter Gier beim Füttern über den Haufen rennt. Solche Störmanöver verzögern oder verhindern das Erreichen des gesetzten Ziels. Nee. Keine Lust auf solche Spielchen.

Die Aufgabe, um die es hier geht, ist, dass mein Pferd lernen soll, dass ich das Alphatier bin. Um diese Rolle einnehmen zu können, muss ich die Fähigkeiten und Kenntnisse eines Alphas besitzen. Ich muss darüber hinaus auch bereit dazu sein, diese Mittel immer und sofort anzuwenden, wenn dies erforderlich ist.

... wenn dies erforderlich ist?
In der Natur übernehmen die beiden Alphas, Leitstute und Hengst, Aufgaben, die dazu führen, dass jeder von den beiden sehr einsam ist. In freier Wildbahn genauso wie auf der Koppel stehen diese zwei in der Regel im Abseits: Sie passen auf. Sie überprüfen die Umgebung nach Gefahren und gegebenenfalls warnen sie die anderen davor. Sie führen die Herde zu den besten Weidegründen und zeigen den Kumpels, wo es Wasser gibt. Bei Gefahrensituationen, wo es keine Fluchtmöglichkeiten gibt, sind die Alphas die ersten, die sich zum Schutze der anderen der Bedrohung in den Weg stellen. Das alles sind die Jobs eines Chefs.

Natürlich nehmen die Bosse auch Privilegien in Anspruch. Sie sind die ersten, die fressen oder saufen. Sie sind diejenigen, die bestimmen, ob jetzt der Zeitpunkt für eine gegenseitige Fellpflege gekommen ist. Und es sind diese beiden, die sich als erste ihre Partner zur Paarung suchen und sich bei den neugeborenen Fohlen der Herde in die Erziehung einmischen.

Herdenführer zu sein bedeutet nicht, dass man die anderen Mitglieder fortwährend oder nur aus einer Laune heraus unter Druck setzt. Das Gegenteil ist der Fall. Druck vom Boss ist nur angesagt, wenn das Überleben der Herde oder eines Mitglieds der Gruppe in Gefahr ist. Dann – und nur dann – ist es erforderlich, die Fähigkeiten eines Chefs unter Beweis zu stellen.

Wenn wir Menschen den leitenden Job übernehmen wollen, heißt das nicht, dass wir auch die Schlabberbrühe aus der Tränke saufen müssen. Es heißt auch nicht, dass wir auf der Koppel das beste Gras fressen müssen. Nein, wir müssen vielmehr den Sinn dieser Führungsaufgaben erkennen und wir müssen lernen, die verschiedenen Methoden zu begreifen, die Alphas in ihrer Rolle anwenden.

Beim Beobachten der Pferde auf der Koppel sehen wir meistens ein Bild der Harmonie, der Ruhe und Ausgeglichenheit. Etwas außerhalb der Herde stehen die Bosse und passen auf. Jede einzelne Sekunde des gesamten Tages machen die Anführer diesen Job. Die Alphas kümmern sich darum, dass sich keines der Tiere um irgendetwas Sorgen machen muss. Die Herde vertraut darauf, dass die fähigste Stute und der stärkste Hengst die Sicherheit bieten, die die Gruppe zum Überleben braucht. Es ist genau diese Sicherheit, die wir Menschen unseren Pferden bieten müssen, wenn wir ein Chef sein wollen, dem die Tiere freiwillig folgen.

Ihr Pferd liebt Sie nicht!

Kennen Sie das? Sie fahren zum Stall, gehen in die Boxengasse und Ihr Liebling wiehert freudig, als er Sie erkennt. Jetzt glauben Sie bloß nicht, dass das Verhalten Ihres Pferdes ein Ausdruck von Liebe ist. Dazu sind Pferde ganz einfach nicht in der Lage! Das Pferd hat lediglich gelernt, dass mit Ihrem Erscheinen ein positives Ereignis in Verbindung zu bringen ist. Zum Beispiel, dass es schon bald sein Leckerli bekommt. Ein Pferd besitzt durchaus die Fähigkeit, solch einen direkten Zusammenhang zu erkennen: Es bekommt sein Möhrchen in die Schnuffel gesteckt, wenn Sie den Stall betreten. Punkt! So einfach ist das; nicht mehr und nicht weniger.

Wenn Sie zu den Menschen gehören, die gerne und viel Zeit damit verbringen, mit Ihrem Pferd zu kuscheln, es zu tätscheln, zu krabbeln und zu umsorgen, dann ist das absolut in Ordnung – so lange der Gaul das zulässt. Hören Sie aber in diesem Fall auf, sich vorzustellen, Sie seien in der Beziehung der Chef, nur weil Sie dem Tierchen Ihre grenzenlose Liebe mit dem Striegel ins Fell zu bürsten versuchen. Das tut dem Gaul im Normalfall zwar ganz gut. Mit Liebe und Unterwürfigkeit – natürlich seitens des Pferds – hat das aber nicht im Entferntesten etwas zu tun.

Innerhalb einer Gruppe von Pferden gibt es immer Zeiten des sozialen Verhaltens mit- und untereinander, etwa der gegenseitigen Fellpflege. Dabei handelt es sich aber ganz bestimmt nicht um Kuschelattacken, wie sie durch unbefriedigte menschliche Bedürfnisse ausgelöst werden. Wir können darin auch überhaupt keine Liebesbeziehung zwischen den Tieren erkennen. Glauben Sie mir, Ihrem Pferd wäre es vollkommen gleichgültig, wenn ab sofort ein anderer Zweibeiner an Ihrer Stelle die gewohnte Fellpflege übernehmen und das Karöttchen füttern würde. Schon nach ein paar Tagen würde Ihr Darling den neuen Kollegen so freudig wiehernd begrüßen, wie das vorher bei Ihnen der Fall gewesen war.

Also: Ihr Pferd liebt Sie nicht; es ist dazu ganz einfach nicht fähig. Erwarten Sie von ihm deshalb niemals eine Erwiderung Ihrer Gefühle.

Ihr Pferd ist Ihnen nicht dankbar!

Mal ehrlich, was erwarten Sie? Glauben Sie, dass Ihr Pferd mit Ihnen aus Dankbarkeit Kunststücke absolviert, nur weil Sie das Tier gern haben oder nur deshalb, weil Sie es zuvor so liebevoll geputzt haben? Vergessen Sie's!

Ist Ihnen Ihr Teufel schon mal – so richtig heftig und mit vollem Gewicht – auf den Stiefel getreten? Haben Sie sich dann hinterher gefragt, warum denn der Satan nicht aufpasst? Waren Sie vielleicht sogar enttäuscht darüber, weil Sie doch gerade dabei waren, Ihren Liebling zu verwöhnen und zu pflegen, ihm ein frisches Bettchen in der Box zu bereiten und ihm sein Futter herbeizuschaffen?

Nun, mal ganz kurz zwischendurch: Einem Chef in der Herde, ganz gleichgültig ob Leitstute oder Mensch, tritt ein Gaul nie, niemals auf den Haxen.

Hier an dieser Stelle sollten Sie sich einfach darüber klar werden, dass Ihnen ein Pferd zu keiner Zeit Dankbarkeit zeigen wird. Ihr Pferd wird Ihnen nicht deshalb nicht auf den Fuß treten, weil Sie gerade den Job ausführen, den der Gaul von Ihnen erwartet und der dem Vieh gut tut. Dankbarkeit brauchen die Rösser nicht zum Überleben. Deshalb liegt es nicht in ihrer Natur und darum können sie es nicht. Punkt.

Szene:
Sie reiten bei traumhaftem Wetter mit ein paar Freunden im Gelände aus. Irgendwann stellt einer der Reiter fest, dass sein Pferd lahmt. Die Gruppe hält an, er steigt ab und untersucht die Hufe. Tatsächlich hat er Glück: Sein Vierbeiner ist nicht ernsthaft verletzt; lediglich ein Steinchen hat sich zwischen Huf und Eisen eingeklemmt. Ihr Freund hebelt geschickt den Stein heraus. Und prompt überrennt der Teufel seinen Reiter, um nur einen Schritt weiter ein winziges Hälmchen Gras zu ergattern.

Die Ursache für den Schmerz im Huf ist beseitigt. Das ist ein absolut ausreichender Grund für ein Pferd, sich sofort seinem Überlebenstrieb hinzugeben und das zu tun, was es sonst auch tut.

Hätten Sie in solch einer Situation erwartet, dass das Pferd eine Geste der Dankbarkeit zeigt? Wie bitte soll diese denn aussehen? Etwa, dass sich das Pferd seinem Reiter gegenüber verneigt und so lange bewegungslos stehen bleibt, bis der diese Demut lange genug genossen hat?

Falls Sie solche oder vergleichbare Szenen schon miterlebt haben, werden Sie mir bestätigen, dass das Pferd während der Zeit einer Behandlung etwa wunderbar stillsteht, vorausgesetzt, dass keine ernsthaften Verletzungen vorliegen. Wenn der Vierbeiner das tut, hat er gelernt, dass der Reiter kein Pferdefresser ist und dass er ihm während der Untersuchung vertrauen kann.

Aber dieses Vertrauen, das Einander-Kennen, kann nicht dazu führen, dass ein Pferd ein Verhalten entwickelt, das so überhaupt gar nicht in seiner Natur liegt.

Ist die Operation beendet, kann das Pferd keine Folgereaktion daraus ableiten; schon gar nicht eine Anerkennung für den vom Zweibeiner geleisteten Dienst.

Dankbarkeit ist, genauso wie die Liebe, keine mechanische Übung, die man einem Ross beibringen kann.

Doch nehmen Sie es gelassen! Nur weil Sie das Pferd pflegen und füttern, es vielleicht drei bis vier Mal in der Woche beschäftigen – es wird Ihnen niemals dafür dankbar sein. Seien Sie ganz einfach zufrieden damit, dass sich Ihr Liebling auf Sie freut, weil er angenehme Erfahrungen mit Ihrem Besuch in Verbindung bringt.

Erwarten Sie aber keine Dankbarkeit.

Beständigkeit – der klare Blick

In einer Herde herrscht immer helle Aufregung, wenn neue Mitglieder aufgenommen werden wollen. Mit dem Zugang werden die Positionen in der Hierarchie neu verteilt. Solange die Leitstute unangefochten regiert, sind die Rangeleien der rangniedrigeren Tiere für gewöhnlich schnell ausgefochten und der Herdenalltag kehrt wieder ein. Wenn aber der Rang der Leitstute oder des Hengstes in Frage gestellt ist, wird die ganze Herde verrückt. Sämtliche rangniedrigeren Tiere wissen dann nicht, wem sie vertrauen können und wem sie folgen sollen, bis die Hierarchie wieder hergestellt ist. In dieser Zeit ist das Überleben der einzelnen Tiere und der gesamten Herde mehr denn je gefährdet. Kein Tier warnt die Herde und beschützt sie unter Einsatz seines Lebens vor einer akuten Bedrohung. Es ist auch keiner da, der den Weg zu den besten Weidegründen weist und entscheidet, wann die Zeit gekommen ist, dorthin aufzubrechen. Deshalb ist es für jedes Herdenmitglied überlebensnotwendig, dass die Führungsrollen in der Gruppe besetzt sind.

Bitte begeben Sie sich mit mir in folgenden Gedankengang:
Die Leitstute einer frei lebenden Herde verletzt sich. Sie kann der Herde nicht mehr folgen und wird von der Gruppe getrennt. Sofort muss – und wird – die Führungsrolle neu besetzt werden. Das Beta-Weibchen, eine weitere Stute aus der Herde und vielleicht auch ein Neuankömmling machen das untereinander aus. Nicht selten bricht in dieser Zeit der Kämpfe eine regelrechte Panik in der Herde aus. Nachdem die Gefechte beendet sind, ziehen die Tiere unter einer neuen Leitung auf ihrem Weg weiter.

Inzwischen hat sich die ehemalige Chefin der Herde erholt. Sie nimmt die Witterung auf und folgt der Gruppe. Schon nach einigen Tagen erreicht die Alte die Gemeinschaft.

Mit wiedererlangten Kräften nähert sie sich den vertrauten Kameraden und erkennt dabei, dass es den Kollegen an nichts fehlt. Ihrem Instinkt folgend, fordert sie sofort die ihr vertraute, führende Position zurück, was natürlich der Nachfolgerin so gar nicht in den Kram passt. Das Theater in der Herde beginnt von Neuem.

Gestatten Sie mir, diese Szene folgendermaßen weiter zu konstruieren:

Die Führungsrolle in der Herde wird in kurzen Abständen immer wieder neu verteilt und jedes Mal, wenn das geschieht, verdunkelt sich der Blick der Herdenmitglieder. Immer wieder verlieren die Tiere für die Dauer der Kämpfe die für sie notwendige Beständigkeit und Klarheit. Sie werden unruhig, der Glanz in ihren Augen trübt sich und sie verhauen sich untereinander.

Erst wenn es einer Alpha-Stute dauerhaft gelingt, unangefochten ihre Artgenossen zu regieren, können die Pferde ein neues Vertrauen in die Chefin aufbauen und sich in diesem wieder einkehrenden, geregelten Alltag wohlfühlen. Pferde brauchen diese Beständigkeit.

Fragen Sie sich doch jetzt einmal selbst, welche Beständigkeit Sie Ihrem Rösslein entgegenbringen. Was erkennen Sie im Spiegel?

Gehören Sie zu denjenigen Zweibeinern, die zum Beispiel immer dienstags oder alle zwei Wochen im Stall vorbeisehen? Oder sind Sie beim Auftritt im Stall vielleicht mal gut gelaunt und dann mal wieder schlecht? Haben Sie beim Besuch Ihres Herdentieres den uneingeschränkten Willen, immer und sofort und jedes Mal aufs Neue die Führungsrolle zu übernehmen? Oder kommt es nicht auch vor, dass Sie schon so manches Mal nach der Arbeit im Büro ziemlich ausgebrannt auf dem Reitplatz erscheinen und auf Kuscheltour unterwegs sind?

Welche Beständigkeit bieten Sie ihrem Pferd?

Es ist mir völlig bewusst, dass ein Mensch nicht jeden Tag in seinem Leben gleich gelaunt in der Lage sein kann, immer dieselbe Energie aufzubringen, egal für welche Aufgabe. Wenn Sie aber Chef sein wollen, dann sollten Sie das zumindest immer wieder versuchen.

Stellen Sie sich zum Beispiel vor, wie Eltern es erreichen können, dass ihre Kinder gut gelaunt, ausgeglichen und mit glücklich strahlenden Augen sich sicher ihrem Spiel hingeben. Dieses Strahlen zeigen die Knirpse nicht nur während ihrer Beschäftigung den Spielkameraden gegenüber, nein, in dieser Klarheit sehen sie auch ihre Eltern, die beiden Anführer, an.

Diese Klarheit, dieser Glanz in den Augen entsteht bei Kindern genauso wie bei Pferden nicht von heute auf morgen. Ausdauer, Beständigkeit und investierte Zeit sind die Voraussetzungen dafür. Wenn Sie diese Herausforderung erkennen und bereit sind, alles dafür zu tun, dann – und nur dann – kann es Ihnen gelingen, dass Sie Ihr Pferd mit diesem Blick voller Vertrauen ansieht.

Verantwortung als Anführer

Da Sie das Buch immer noch in Ihren Händen halten, unterstelle ich Ihnen, dass Sie in der Beziehung mit Ihrem Pferd mehr wollen, als einen ängstlichen, verunsicherten und unterwürfigen Untertan an Ihrer Seite. Sie suchen in dieser Gemeinschaft, in der Sie die Leitung übernehmen, nach dem Partner, der Ihnen vertraut und dem Sie vertrauen.

Stellen Sie sich bitte vor, Sie haben die Pflege eines hilfsbedürftigen Menschen übernommen: Sie kümmern sich zum Beispiel zu Hause um Ihre bettlägerige Omi oder Sie sind Betreuer in einer karitativen Einrichtung, in der Sie andernorts vergleichbare soziale Dienste leisten. In beiden Fällen übernehmen Sie Verantwortung: Menschen sind Ihrer Pflege und Ihrem Schutz befohlen. Das bedeutet für Sie, dass diese Menschen von Ihnen einen Dienst erwarten; sie erhoffen sich von Ihnen eine Fürsorge.

Vertiefen wir den Fall am Beispiel der im Bett liegenden Oma: Ihr Job ist es, in dieser Beziehung alles zu tun, damit es der Großmutter an nichts fehlt. Sie kümmern sich um ihre Mahlzeiten, besorgen und verabreichen Medikamente, Sie waschen die Klamotten und sofern es Ihnen irgendwie gelingt, vertreiben Sie der Großmama die Zeit. Da die Omi den ganzen Tag liegen muss, besteht das Risiko, dass sie wund wird. Und wenn das dann tatsächlich passiert ist, tun Sie wiederum alles, um das entstandene Problem zu behandeln.

Wäre diese Darstellung Wirklichkeit, hätten Sie jetzt an dieser Stelle versagt.

Denn: Genauso wie in der oben dargestellten Aufführung ist es bei Pferden Ihre Aufgabe, die Probleme zu verhindern! Wenn die Schwierigkeiten entstanden sind, ist es bereits zu spät. Und dann tut es Ihnen ja so unendlich leid, dass sich Ihr Liebling so quälen muss. Es bleibt Ihnen dann nichts anderes mehr übrig, als den entstandenen Schaden mit großem Aufwand zu beheben.

Sie kennen bestimmt aus Ihrem Stall die Darbietung, in der viele Reiter zusammenlaufen, wenn einer der Vierbeiner einen Satteldruck aufweist. Dann werden Weisheiten ausgetauscht, welche Mittel anzuwenden sind, um die Blessuren des Pferdchens schnellstmöglich zu behandeln. Schließlich ist das Ross ja schon am nächsten Wochenende für die Teilnahme an einem Spring- oder Dressurturnier, an einem Wander- oder Distanzritt vorgesehen. Keiner der zusammengelaufenen, allwissenden Reitkollegen stellt dem Besitzer jedoch die Frage, was denn hätte besser gemacht werden können, um den Satteldruck zu verhindern. Aber der betroffene Pferdebesitzer beschäftigt sich still und heimlich mit dieser Frage. Stimmt's? Schauen Sie in den Spiegel. Der Fall ist klar: Der dafür zuständige Reitfreund hat versagt! Aus welchen Gründen auch immer ist es ihm nicht gelungen, das entstandene Problem gar nicht erst aufkommen zu lassen.

Wenn wir die beiden Bilder „wund gelegene Omi'" und „Pferd mit Satteldruck" miteinander vergleichen, stellen wir Gemeinsamkeiten und Unterschiede fest. Einerseits haben beide durchaus medizinisch vergleichbare Probleme. Diese konnten von den zwei Betroffenen nicht selbst verhindert werden und sind trotz der Gegenwart einer verantwortlichen Person entstanden.

Anderseits gibt es einen ganz gravierenden Unterschied: Der Satteldruck auf dem Rücken des Rosses wäre ohne den für das Pferd verantwortlichen, Sattel auflegenden Menschen überhaupt gar nicht erst entstanden.

Denkpause

Inzwischen wissen wir, dass Pferde in der Lage sind, direkte Zusammenhänge zu erkennen. Ein Pferd nimmt also schon wahr, dass mit dem Auflegen eines falschen Sattels sofort ein Unbehagen oder schlimmere Dinge in Verbindung zu bringen sind. Da das einschnürende Satteln durch den Pferdefreund verursacht wird, sind die Reaktionen des Pferdes klar. In menschlicher Sprache ausgedrückt, würde das Pferd diesen einfachen Zusammenhang vermutlich so formulieren:

„Mein Bezugs-Zweibeiner kommt. Wenn der den Sattel aus der Kammer anschleift, will er mir das Ungeheuer auflegen. Das tut dann weh und davor habe ich Angst“. Folge: Zickenalarm!

Was meinen Sie? Wie soll der Gaul mit so einer Erfahrung ein Vertrauen in den Sattelaufleger aufbauen?

Denkpause

Wenn Sie in der Beziehung mit Ihrem Tier Chef sein wollen und das auf der Basis des gegenseitigen Vertrauens zu erreichen versuchen, dann müssen Sie dem Pferd auch das bieten, was es ihm möglich macht, sich ohne Zweifel Ihren Fähigkeiten zu unterwerfen. Und bitte schön: Niemand behauptet, dass das eine einfache Aufgabe ist.

In der Herde ist das sehr einfach nachvollziehbar. Die Positionen der Alphas sind besetzt. Leitstute und Hengst mussten beide früher einmal beweisen, dass sie das Zeug eines Anführers in sich tragen. Als sie in den harten Auseinandersetzungen mit den alten Chefs die Führung übernommen hatten, demonstrierten sie gleichzeitig der genau beobachtenden Herde ihre Qualität und damit ihren Anspruch auf die vorherrschende Stellung. Damit war für jedes Herdenmitglied die Basis für ein Vertrauen in die neuen Anführer geschaffen.

Als Zweibeiner haben Sie einen wesentlichen Vorteil im direkten Vergleich zu den Alphas in der Herde. Unglücklicherweise haben Sie aber auch einen riesigen Nachteil.

Als Vorrecht eines Menschen gewährt Ihnen das Pferd zunächst ganz ohne Beweis Ihrer Fähigkeiten, dass es Sie zu Beginn der Beziehung als Anführer anerkennt. Ich weiß nicht, warum! Vielleicht nur deshalb, weil Sie aufrecht gehen oder weil Sie in der Lage sind, das Stalltor zu öffnen? Jedenfalls schenkt Ihnen das Pferd das Privileg, Chef zu sein. Ab diesem Zeitpunkt, wo Sie die Beziehung mit einem Pferd eingehen, unabhängig davon, ob durch einen Kauf oder in einer Reitbeteiligung, erwartet der Vierbeiner von Ihnen, dass Sie diese Rolle des Verantwortlichen einnehmen – und zwar Minute für Minute, Tag für Tag und überhaupt immer (!) und in jeder (!) Situation. Sind Sie bereit für diesen Job?

Als einen Nachteil empfinde ich, dass unsere Pferde über Fähigkeiten verfügen, die wir als Menschen nicht annähernd zu leisten im Stande sind. Schwierig ist es für uns Stiefelträger dann deshalb, weil die vierbeinigen Herdenviecher zunächst von uns erwarten, dass wir – gemessen an ihren Kräften – den Beweis unserer Führungsqualität erbringen. Ich erzähle Ihnen bestimmt nichts Neues, wenn ich an dieser Stelle beispielsweise an die Kraft und die Schnelligkeit der Tiere, an ihre Gabe des Formsehens und an das Potenzial des Witterns erinnere. In der Wahrnehmung der Pferde sind das die Instrumente, die sie verstehen. Wie selbstverständlich unterstellen sie jedem Herdenmitglied, dass es mindestens dieselben Qualitäten besitzt. Ab dem Moment, in dem wir in die Welt der Pferde eintreten, sind wir auch ihren Erwartungen ausgesetzt.

Diese Fähigkeiten sind in der Entwicklungsgeschichte der Tiere entstanden, um als Beutetiere überleben zu können. Uns Menschen sind dagegen ganz andere Begabungen in die Wiege gelegt worden, die mit denen der Huftiere so überhaupt nicht vergleichbar sind. Wenn wir also das Zutrauen der Rösser erwerben wollen, müssen wir mit unseren Mitteln das Können der Pferde ausgleichen.

Denkpause

Als leidenschaftlicher Wanderreiter werde ich mit dieser Herausforderung ständig konfrontiert, wenn beim Ausritt mit Freunden im Gelände mal wieder ein Hase, ein Fuchs oder ein paar Rehe plötzlich und unverhofft vor uns aus dem Unterholz springen.

In den meisten Fällen erschrecken die Pferde, doch manchmal trotten die Viecher völlig unbeeindruckt weiter auf unserem Pfad. Dann, wenn in diesen Momenten keine Panik aufkommt, hat mindestens eines der Pferde die Situation erkannt und die anderen Herdenmitglieder beruhigt. Viel mehr noch: Es wurde eine Information ausgetauscht, die ungefähr so lauten müsste: „Hey Kumpels, da vorne raschelt's im Gebüsch. Habe zwei stummelschwänzige Langohren ausgemacht. Keine Gefahr!"

Dieses eine Pferd übernahm die Verantwortung, indem es die Situation für sich und für alle anderen Tiere einschätzte und das Ergebnis mitteilte.

Von den Reitern hingegen ist selten einer in der Lage, eine gleich lautende Entwarnung zu geben, bevor dies ein Pferd tut. Genau das aber wäre die Aufgabe desjenigen Reitfreundes, der den Anspruch stellt, ein verantwortungsbewusster Herdenanführer zu sein. Es stellt sich also die Frage, was wir tun können, um dieses Ziel zu erreichen, ohne dass wir über eine besondere Hörkraft, einen übermenschlichen Geruchssinn oder die Fähigkeit des Spürens von Vibrationen verfügen?

Auch hier ist die Antwort sehr unspektakulär: Es geht nicht darum, eine unserer Fähigkeiten besonders auszubilden. Nein, es geht schlicht und einfach darum, dass wir permanent auf der Hut sind und dabei alle unsere Sinne und unseren Verstand einsetzen und dass wir als Chef der Gemeinschaft für die Gemeinschaft Wache stehen, also die Verantwortung übernehmen. Das verlangt von uns zunächst, dass wir uns während eines Ausrittes auf nichts (!) anderes konzentrieren, als mit dem Bewusstsein eines Pferdes mögliche Gefahren auszumachen, ehe das unsere Tiere tun. Um das Vertrauen als Chef zu erlangen, müssen wir den Rössern ein Gefühl der Sicherheit geben. Erst wenn die Pferde erkennen, dass wir dazu in der Lage sind, werden sie sich uns unterordnen und zwar freiwillig.

Da diese Aufgabe eine anstrengende ist, möchte ich Ihnen an dieser Stelle wieder den Spiegel zur Verfügung stellen:

Gehören Sie vielleicht auch zu denjenigen Plaudertaschen, denen es beim Ausritt nicht für fünf Minuten gelingt, still zu sein? Oder träumen Sie vor sich hin, während Sie auf dem Rücken Ihres Gauls durch die Prärie geschunkelt werden? Ist es dann so, dass Ihnen ein Schreck durch die Glieder fährt, und zwar erst dann, wenn eigentlich schon wieder alles vorbei ist? Also nachdem die beiden Stummelschwänzchen schon gar nicht mehr zu sehen sind und auch erst dann, wenn sich Ihr Ross aufgeregt und schon wieder entspannt hat? Sind Sie der Letzte, der erschrickt und sich dann fragt: „Was war denn überhaupt passiert?“ Tja, dann schließen Sie das Buch, legen Sie es beiseite und öffnen Sie es niemals wieder!

αα α

In diesem Zusammenhang muss ich Ihnen eine wahre Geschichte erzählen.

Wir waren in einer Gruppe von neun Reitern auf einem zweitägigen Ritt. Die Gruppe war bunt gemischt und die Pferde unterschiedlich gut trainiert. Da die Pferde verschiedene Schrittgeschwindigkeiten aufwiesen, vereinbarten wir, um Kräfte zu sparen, in Teilgruppen zu reiten. Es ist ja nicht gerade gemütlich, ein schnelleres Tier ständig zu bremsen oder ein langsameres permanent anzutreiben. Es war unter uns

Reitern ausgemacht, dass wir niemals den Blickkontakt zueinander verlieren wollen. Bevor das geschah, sollten die Nachzügler auftraben. Tanja und ich bildeten die Nachhut. Unsere beiden Pferde gingen einfach mit uns spazieren. Wir genossen die Landschaft und den Tag und behielten das Umfeld und die vor uns reitende Gruppe im Blick, in der ein ständiges Gehopse und Gerangel zu beobachten war. Und so kam es, dass wir wieder einmal zu der Truppe vor uns auftrabten.

Da fauchte uns eine der Reiterinnen an, weil ihre Stute zu tänzeln begann und sie sich deswegen erschreckt habe. Sie forderte uns auf, laut zu rufen, bevor wir uns der Gruppe näherten. Später erklärte sie uns, dass sie sich gerade ein „Gutsele (= Bonbon) aus der Tasche holte“ und deshalb nicht bemerkt hatte, was da hinter ihr geschah und wie ihr Pferd bereits darauf reagierte.

So eine blöde Kuh, dachte ich bei mir. Die soll doch auf ihren Gaul aufpassen! Schließlich war das Poltern der Hufe unserer auftrabenden Pferde kaum zu überhören. Oh Gott! Oh Gott! Was passiert wohl, malte ich mir damals aus, wenn solch eine Wahnsinnige anstatt im Sattel sitzend, während der Autofahrt im Straßenverkehr ihrem Heißhunger nach einem Leckerli nachginge?

Heute jedoch denke ich, dass ja nicht jeder Reiter den Anspruch haben muss, souveräner Chef im Sattel zu sein. Diese Tante war es jedenfalls nicht. Insofern kann ich ihr Verhalten heute sehr gelassen betrachten.

Allerdings halte ich es für gefährlich, sich auf dem Pferd im Gelände zu bewegen und dabei jeglichen Bezug zu der Umgebung zu verlieren. Genau das war dieser Träumerin passiert. Und vermutlich wird dieses zweibeinige Omega-Tier immer die Schuld bei anderen suchen und selbst niemals irgendeine Form von Verantwortung übernehmen.

ααα

Sie sind immer noch dabei! Okay!
Dann erinnern Sie sich doch bitte einmal an die Zeit, als Sie in der Fahrschule Ihre ersten Übungsstunden mit dem Auto absolviert haben. Ist es Ihnen da nicht auch so ergangen, dass Sie in vielen Phasen völlig überfordert waren? „Kupplung treten! Rückspiegel beachten! Nicht so schnell fahren! Blinker links setzen! Seitenblick rechts! Außenspiegel! Schalten nicht vergessen! AAAAACHTUNG, Fahrradfahrer aus der Einbahnstraße!“, blökte es unaufhörlich von der rechten Beifahrerseite. Sie wissen bestimmt, was ich meine: Die Rede ist von Situationen, in denen von uns schier Unmenschliches verlangt wird. Wenn das nicht schon Millionen anderer Menschen vor uns durchgemacht hätten, hielten wir diese Aufgaben tatsächlich für unmenschlich.

Ich möchte mit Ihnen jetzt ins Auto einsteigen.
Sie sind der Fahrer und ich werde von Ihnen auf eine Landschaftsreise mitgenommen. Wir beide sind entspannt, unterhalten uns, während wir die schöne Umgebung genießen. Dass Ihnen hin und wieder so ein Schnarcher die Vorfahrt nimmt, kümmert uns beide nicht. Sie sind Herr der Lage und meistern die möglichen Gefahren ohne großes Aufheben.

In dieser Szene, die Sie vielleicht tatsächlich kennen, können wir zweierlei feststellen:

Zum einen beherrschen Sie das Autofahren mit all seinen Anforderungen an einen Fahrzeuglenker. Keine Spur davon, wie es Ihnen einst als Fahrschüler ergangen ist. Die vielen Teilabläufe spulen Sie heute so routiniert und anscheinend automatisch ab, dass es Ihnen wie selbstverständlich erscheint, sich ganz beiläufig noch auf Ihren Fahrgast, die Landschaft und auf plötzlich auftauchende Gefahrensituationen zu konzentrieren. Sie führen mich in einem Kraftfahrzeug durch den Verkehr, Sie kümmern sich um mich, indem Sie mich angenehm unterhalten. Sie bestimmen das Ziel und den Weg dorthin, während Sie für mich die Verantwortung übernehmen. Das alles tun Sie und gleichzeitig genießen Sie unsere Spazierfahrt.

Zum anderen ist mir Ihr fahrerisches Können nicht verborgen geblieben. Ich lasse mich vertrauensvoll von Ihnen leiten und genieße dabei ebenfalls die an uns vorbeiziehende Kulisse, ohne selbst in irgendeiner Weise panisch auf akute Gefahren im Straßenverkehr zu reagieren.

Schätzen Sie: Wie viel Zeit ist vergangen, seit Ihrer ersten Fahrstunde bis zu dem Moment, an dem Sie als sicherer Führer eines Kraftfahrzeuges das Vertrauen Ihrer Beifahrer erworben haben?

Welche Erwartung haben Sie in der Beziehung mit Ihrem Pferd? Wie lange darf es dauern, bis Sie den Alpha-Status erlangt haben, in dem Sie die vielseitigen Aufgaben ausführen und sich zugleich an dem Ausritt erfreuen?

Denkpause

Auf Ihrem persönlichen Weg zum Anführer gibt es unzählige Möglichkeiten. Gleichgültig, welche dieser Varianten Sie für sich wählen und wie viel Zeit Sie dafür benötigen, einige wesentliche Voraussetzungen werden Sie dabei erfüllen müssen:

Um Vertrauen von anderen in Ihre Fähigkeiten zu erwerben, müssen Sie selbst über ein Zutrauen in Ihre eigenen Qualitäten verfügen. Um ein gesundes Selbstvertrauen aufbauen zu können, ist es unbedingt von Vorteil, wenn Sie ehrlich und vorbehaltlos Ihre eigenen Leistungen genauestens überprüfen und gegebenenfalls verbessern.

ααα

So, jetzt gehen Sie mit mir bitte zurück zu dem Ausritt, bei dem uns die langohrigen Stummelschwänzchen begegnet sind.

Zu welcher reitenden Spezies gehören Sie? Sind Sie vielleicht das Quasselwunder von Dingenskirchen? Oder sind Sie möglicherweise der Hans Guck-in-die-Luft? Ist es eventuell so, dass Sie den Pferderücken immer dann besteigen, wenn der Alltagsstress zu groß wird und Sie eine Gelegenheit suchen, abzuschalten? Verarbeiten Sie Ihre Sorgen während der Tour mit Ihrem Ross?

Bitte schön – das alles ist vollkommen in Ordnung! Es gibt genügend Gründe und Anlässe für Menschen, sich mit Pferden zu beschäftigen. Viele von uns Reitfreunden tragen überhaupt nicht den Wunsch in sich, der vertrauensvolle Führer in der Beziehung mit einem Pferd zu sein. Dagegen ist überhaupt nichts einzuwenden.

Trotzdem möchte ich, dass Sie mit mir weiterreiten. Wir sind immer noch in der Gruppe unterwegs. Die beiden Karnickel-Monster haben unseren Weg passiert und ganz allmählich kehrt wieder Ruhe ein. Einige Zeit später kommt die Gruppe auf ihrem Weg an einen Bach, über den eine Brücke aus Holz gespannt ist. Die Reiter halten direkt darauf zu. Ungefähr drei Meter vor dem Ufer verweigert ein Pferd nach dem anderen den Gehorsam. Keines der Tiere ist bereit, die Überführung zu passieren.

Was geschieht? Der Grobian treibt nun gewalttätig seine Schindmähre, die Tratschtanten predigen engelsgleich Psalme in die Ohren ihrer Lieblinge und der Träumer steht scheinbar teilnahmslos im Abseits und wartet darauf, bis jemand anderes für ihn die Lage klärt.

Während dieser irrwitzigen – aber durchaus bühnenreifen – Darbietung werden die Tiere immer nervöser. Umso weniger sind die Experimente ihrer Reiter von Erfolg getragen.

Unterdessen und unbemerkt hat sich ein fremder Reitersmann der inzwischen hysterischen Clique auf derselben Uferseite genähert. Er grüßt freundlich aber wortkarg und trottet unbekümmert mit seinem Pferd über den Steg zur anderen Flussseite. Dort winkt er noch einmal mit dem Hut und zieht von dannen.

Denkpause

Glücklicherweise hat einer der Gruppe die Chance erkannt und folgt dem Fremden ebenfalls über die Brücke, bis dann nach und nach alle Teilnehmer des Ausrittes auf der anderen Seite des Baches angekommen sind.

Alle? Nein, da fehlt doch einer. Nein, da fehlen sogar zwei der Kandidaten.

Gerade in diesem Moment kommt der Grobian angetrabt: Hoch bis zu den Hüften ist er durchnässt, der Sattel aufgeweicht und sein Klepper zeigt panisch die roten Nüstern. Voll von sich überzeugt berichtet der Wahnsinnige, wie cool er seinen Schecken ein paar Schritte bachabwärts durch das Wasser getrieben habe und dass er sich mal wieder durchgesetzt und dem stursinnigen Bastard gezeigt habe, wo's lang geht.

Nichts, aber auch rein gar nichts an den Aussagen dieses Trottels entspricht den Tatsachen. Nicht der Reiter hatte dem Pferd gezeigt, wo's lang geht. Umgekehrt ist es richtig! Oder ist etwa das Pferd wie ursprünglich vorgesehen mit ihm über die Brücke gelaufen? Nein, sein Pferd hatte bestimmt, dass es nie, niemals dazu bereit wäre, über das quietschende, furchterregende Holzgerüst zu gehen. Und das arme Tier wäre mit seinem Schinder allein auch nicht in hundert Wintern durch das Wasser gelatscht. Den feuchten Weg hat das Herdenmitglied nur deshalb genommen, um nicht von seiner Gruppe getrennt zu werden. Der Mensch hingegen hat auf ganzer Linie versagt.

In solch einem Verhalten eines Reiters kann ich überhaupt nichts erkennen, was in irgendeiner Weise beeindruckend (cool) gewesen sein sollte.

Zum einen hätte dieser Angeber die Chance gehabt, zusammen mit der Gruppe über das Hindernis zu gehen; alle anderen hatten das ja schließlich auch geschafft. Dazu hätte er lediglich seine Ungeduld in den Griff bekommen müssen, um nicht wie gewohnt an erster Stelle zu reiten. Er hätte schlicht und einfach in der Gruppe warten können.

Zum anderen halte ich überhaupt nichts davon, ein Pferd ohne jede Notwendigkeit einer überflüssigen Gefahr auszusetzen, was mit dem Durchqueren des Baches meines Erachtens der Fall gewesen war.

Cool? Ach ja, da fehlt ja noch ein weiterer Reitersmann: Der Träumer ...? Ja, der war schon ziemlich cool; ich würde sagen, er war der Zweitcoolste in dieser Szene. Dem ging die Aufregung einfach auf die Nerven und da hatte er kurzerhand, still und heimlich, beschlossen, umzukehren und die Brücke nicht zu überqueren. Er hatte eine Entscheidung für sich und sein Pferd getroffen und sie prompt umgesetzt.

Naja – einen Haken hat auch dieses Verhalten. Es trägt nicht gerade dazu bei, in einer aufgebrachten Gruppe die Harmonie wieder herzustellen, wenn eines der Tiere samt Reiter in der Hektik die Gemeinschaft verlässt. Trotzdem, dieser Kerl war der Zweitcoolste, weil es ihm vor allem gelang, nicht selbst der um sich greifenden Aufregung zu verfallen. Dadurch war er in der Lage, auch seinem Vierbeiner diese Gelassenheit zu vermitteln. Außerdem verschaffte er sich die Möglichkeit, eine überlegte Entscheidung zu treffen. Zwar bedeutete das, seine Kumpels im Stich zu lassen, aber er hat für sich und sein Pferd einen Weg gefunden, dem Wahnsinn in der Gruppe zu entgehen. Er führte sein Pferd, das ihm zumindest in dieser Entscheidung vertraute.

Doch wenn der Träumer der Zweitcoolste war, wer war dann die Nummer Eins?

Der Coolste von allen war – natürlich – der Fremde!
Schon von weitem hat er die Lage beurteilt: Eine Abteilung Clowns in Sätteln veranstaltet einen Open-Air-Zirkus an der Böschung eines Rinnsals. Er denkt sich, die Narren versuchen wohl mit Akrobatik, gymnastischen Übungen und mit Stoßgebeten die Pferde am Überqueren der Brücke zu hindern. Das könnten sie doch auch leichter erreichen. Sie bräuchten doch einfach nur die Gäule irgendwo anzubinden? Aber alles in allem ist das nichts, was in irgendeiner Weise seine Beachtung verdient hätte.

Diesem Reiter ist gelungen, was allen anderen in der Clown-Truppe versagt geblieben ist: Er hat sowohl die Brücke als auch das Treiben der Leute samt ihrer Pferde als ungefährlich eingestuft. Ohne mit seinem Pferd einen Wortwechsel zu führen, hat er mit seinem Kumpel Informationen ausgetauscht. Beide, Pferd und Reiter, nahmen schon lange vor dem Erreichen der Brücke die Situation wahr.

Das Pferd fragte: „Uih, das ist für mich unheimlich! Wie denkst du darüber?“ Natürlich hat das Pferd diese Frage nicht in einem grammatikalisch perfekt ausformulierten Satz gestellt. Doch es hat einmal, für einen ganz kurzen Augenblick, ein Ohr zum Reiter gedreht. Und damit hat es von ihm eine Antwort erwartet – und zwar sofort.

Da dieser die Sprache seines Vierbeiners verstand, gab er ihm auch postwendend die Rückmeldung: „Entwarnung! Ich hab's auch gesehen und du brauchst dir keine Sorgen zu machen." Selbstverständlich benutzte auch der Reiter nicht irgendeinen Satz, um seinem Partner die erwartete Auskunft zu geben.

Wichtig ist an dieser Stelle:
Dieses Pferd demonstriert ein bedingungsloses Zutrauen in seinen Chef, den Menschen.

Und der Reiter übernimmt ganz und gar die Verantwortung ohne dabei einen Druck auf seinen vierbeinigen Kumpel auszuüben.

Verantwortung zu übernehmen bedeutet, dass man als Chef Probleme verhindert und dafür rechtzeitig und dominant die notwendigen Entscheidungen trifft.

Wenn ein Satteldruck oder andere vermeidbare Blessuren bereits entstanden sind oder wenn die Tiere aufgrund einer mangelnden Führung in Panik geraten sind, ist es immer schon zu spät.

In diesem Moment – Sie ahnen es vielleicht schon – nehme ich wieder den Spiegel zur Hand:

Zu welchem Typ zählen Sie sich? Sind Sie Schwatztante oder Bummler? Sind Sie Brutalo oder Prediger? In welcher Art Pferdeversteher ordnen Sie sich ein und ... sind Sie damit zufrieden?

Falls Sie von sich denken, dass Sie mit Ihrem Pferd so umzugehen verstehen, wie der coole Fremde in der obigen Erzählung, dann haben Sie bereits die vertrauensvolle Führungsposition erreicht.

Sie können dann das Buch beiseite legen. Oder Sie lesen einfach weiter und vergleichen den Inhalt dieser Seiten mit Ihren Erfahrungen.

Am Anfang steht die Arbeit am Boden

Zu Beginn einer Beziehung zwischen Mensch und Pferd steht ausnahmslos für uns alle die Bodenarbeit als wichtigste Aufgabe im Vordergrund. Gleichgültig, ob wir über sehr gute Fähigkeiten im Sattel verfügen oder nicht und unabhängig davon, wie gut das Pferd trainiert ist: Vom Boden aus starten wir jede Übung.

Je besser Reiter und Pferd ausgebildet sind, umso schneller können wir praktische Lektionen auch im Sattel probieren. Trotzdem gilt für uns alle, dass wir als Zweibeiner in die Welt der Pferde treten und von dort aus, nämlich auf den Beinen stehend, auf die Pferde zugehen. In dieser aufrechten Haltung nehmen uns die Tiere wahr. Für die meisten von uns gilt zudem, dass wir uns in dieser Position am sichersten fühlen.

Diese beiden Aspekte – die Wahrnehmung der Pferde und unsere innere Sicherheit – müssen wir zusammen bringen.

Denkpause

Wenn wir die Stallgasse betreten oder auf die Koppel gehen, um unseren Kumpel zu holen, nehmen die Pferde unsere Stimmung, unsere momentane Laune wahr: Laufen wir aufrechter oder gebeugter als sonst? Wie ist es um unsere Mimik bestellt?

Strahlen wir eine innere Ruhe aus oder sind wir nervös? Vermitteln wir eine Freude, unseren Liebling zu sehen oder empfinden wir die nächsten Stunden als Pflichtübung? Unsere Pferde erkennen auf Anhieb, in welchem Gemütszustand wir uns befinden.

Es ist sehr wichtig für uns zu wissen, dass Pferde über diese Begabung der Wahrnehmung verfügen. Der Grund dafür ist sehr einfach: Weil sie Herdentiere sind, prüfen sie, ob wir von uns aus ein Signal senden. Eine Botschaft, die Flucht oder Entwarnung, Freude oder Zorn mitteilt. Und weil sie Beutetiere sind, nehmen sie die von uns gesandten Signale sehr ernst und übernehmen sie in ihren eigenen Gemütszustand. Wir sind es, die auf die Pferde wirken.

Wir können die Laune der Pferde beeinflussen, wenn wir uns bewusst sind, dass wir von den Pferden analysiert werden. Wir übertragen unsere emotionale Verfassung auf die Tiere. Und das alles passiert schon lange, bevor wir ihnen den Sattel auflegen.

Denkpause

Ich habe festgestellt, dass es mir hilft, mich schon auf dem Weg in den Stall gedanklich auf den ersten Kontakt mit meiner Stute einzustellen. In dieser Zeit versuche ich, sämtliche alltäglichen Sorgen abzulegen und mich auf das Pferd zu freuen. Ich habe dafür eine halbe Autostunde Zeit. Inzwischen gelingt mir das Abstreifen dieser im Kopf sitzenden Plagegeister sehr gut. Das Ergebnis ist, dass sich meine Stute in jeder Hinsicht sehr viel schneller und bereitwilliger auf mich und die bevorstehenden Aufgaben einstellt. Sie begrüßt mich, sie offenbart mir ihre Neugierde und schon in diesem ersten Moment zeigt sie mir ihr Vertrauen.

Ich kann sie schneller von der Koppel führen, sie unterbricht – nicht immer ganz freiwillig – das Fressen und sie lässt sich zum Beispiel auch viel ruhiger an unangenehmen Stellen putzen. Sie spürt ganz einfach, dass ich ausgeglichen bin. Und schon ist sie es auch.

Weiter mit der Bodenarbeit geht es dann beim Putzen. Hier stelle ich Ihnen wieder die Frage: Zum welchem Typ zählen Sie sich selbst? Wie dominant gehen Sie an diese Aufgabe heran?

In den verschiedensten Ställen habe ich immer wieder dieselbe Beobachtung gemacht: Der Stall ist eine Kontaktbörse für Menschen untereinander. Ganz nebensächlich erscheint dabei die Tatsache, dass man sich bei den Pferden eingefunden hat, dass man sich in eine Herdengemeinschaft begeben hat. Die Tratschtanten und -onkels quasseln schier ununterbrochen miteinander. Manche von ihnen haben ihre Vierbeiner noch nicht einmal begrüßt, andere wiederum unterbrechen ständig das Putzen, um sich dem Laberfluss bereitwillig hinzugeben. Ständig wird der neueste Klatsch ausgetauscht. Ich möchte Ihnen dazu sagen, dass ich dafür überhaupt kein Verständnis habe.

Für mich ist das Putzen eine Übung. Wie bei vielen anderen Trainingseinheiten gilt es auch beim Striegeln, die Aufmerksamkeit des Pferds auf sich zu lenken. Doch bitte schön, wie soll das funktionieren, wenn man selbst die Übung ständig unterbricht? Kein Pferd der Welt ist dazu bereit, sich für die gesamte Dauer einer Aufgabe auf den Chef zu konzentrieren, wenn sich dieser fortwährend mit anderen Dingen beschäftigt.

Und jetzt, bei diesem Thema, wird's ganz hart für die Frauen. Es gilt in unserer Gesellschaft als wissenschaftlich bewiesen, dass Männer sich nur auf eine Sache konzentrieren können, Frauen hingegen in der Lage sind, mehrere Aufgaben gleichzeitig zu verrichten. Ich rufe der Damenwelt zu: Vergessen Sie es! Das stimmt einfach nicht.

Immer wieder beobachte ich, dass Männer und Frauen von ihren Pferden beim Putzen in irgendeiner Weise überrascht werden: Mal wird der Zweibeiner von seinem Biest mit dem Kopf gestoßen, mal wird er mit dem Schweif gepeitscht. Und ein anderes Mal fährt ein gewaltiger Schmerz in die Zehen, wenn der Gaul mit seinem beschlagenen Huf auf den Fuß tritt.

Uns Männern ist dann klar, dass wir abgelenkt waren. Gut, denken wir: 1:0 für den Gaul.

Die Frauen hingegen reagieren im Allgemeinen auf solche Situationen sehr heftig. Sie fauchen das Tier an und nicht selten werden auch Watschen verteilt. Ich persönlich führe das Verhalten darauf zurück, dass die Damen zumindest in ihrem Unterbewusstsein erkannt haben, dass babbeln und sich auf das Pferd konzentrieren nicht gleichzeitig funktionieren. Die Überreaktion der Frauen ist dann selbsterklärend: nämlich sich selbst nicht einzugestehen, dass sie in einer einzigen Übung mal unterlegen waren.

Es spricht überhaupt nichts dagegen, während einer Aufgabe mit den Freunden zu reden; zum Beispiel dann, wenn wir einen Übungsparcours auf dem Reitplatz aufbauen oder wenn wir das Futter zubereiten oder bei anderen Dingen, bei denen wir uns nicht direkt mit dem Pferd beschäftigen. Wir können diese Arbeiten durchaus in Gesellschaft verrichten und uns dabei unterhalten.

Nur, wenn wir uns dem Pferd mit dem Anspruch, Chef zu sein, nähern, dann sollten wir dieses Amt in voller Konzentration ausüben. Sie erinnern sich: Chef ist man immer oder gar nicht.

Nachdem ich mir darüber im Klaren war, dass ich mich nicht erst im Sattel auf mein Pferd zu konzentrieren habe, sondern dass das vom ersten Kontakt an stattfinden muss, habe ich das sofort geübt. Dabei habe ich dann festgestellt, dass es mir während des Putzens unheimlich schwer fiel, nicht auf die ständigen Zurufe meiner Reitfreunde zu reagieren. Immer wieder kam jemand angerannt und wollte etwas von mir.

Da wurde über die richtige Fütterung philosophiert, man erstellte aktuelle Berichte des letzten Turniers, ständig grüßte, lachte oder jammerte jemand und so ungefähr eine Million Fragen wurden gestellt und natürlich auch beantwortet. Dies führte dazu, dass ich die Übung Putzen immer wieder unterbrach und ich mich dem Stallgewäsch hingab.

Ich hatte dabei das Glück, dass sich meine Stute damit nicht abfinden wollte. Während ich die Übungen unterbrach, machte sie mich darauf aufmerksam, dass sie nicht vorhatte, länger als unbedingt notwendig angebunden vor der Box zu stehen und sich zu langweilen. Sie rempelte und peitschte mich und teilte mir so auf ihre Weise mit, dass ich jetzt eine andere Aufgabe zu erfüllen hätte.

Also nahm ich mir vor, alle Zurufe von außen während des Putzens zu ignorieren. Wow, ich kann Ihnen sagen, dass mir das wahnsinnig schwer fiel. Es war nicht nur die Schwierigkeit an sich, mich tatsächlich auf das Pferd zu konzentrieren. Nein, schon schnell bemerkte ich, dass meine Reitfreunde überhaupt kein Verständnis dafür aufbringen konnten, dass ich mich während der Arbeit mit dem Pferd nicht mehr um sie kümmerte.

Damit war eine neue Schwierigkeit entstanden: Die Plappermäuler im Stall hatten die Erwartungshaltung, dass immer und jederzeit geschwätzt werden kann. Doch diese Erwartungen wollte und konnte ich zu diesem Zeitpunkt einfach nicht mehr bedienen. Ich war fest entschlossen, der Chef meiner Stute zu werden und damit waren für mich die Prioritäten festgelegt: Während einer Übung gibt es nur mein Pferd und mich. Nichts auf der Welt sollte mich ab sofort von dieser Einstellung abbringen.

Es dauerte genau ein Gespräch mit meiner lieben Frau Tanja, um bei ihr dieses Verständnis dafür zu erreichen. Sie akzeptierte, dass sie mich vor oder nach jeder Übung auf alles ansprechen konnte, nicht aber während der Arbeit mit dem Pferd. Für die Dauer meiner „Fahrschul-Stunde“ ließ sie mich in Ruhe, weil sie erkannte, dass ich mich schon auf so viele Dinge gleichzeitig zu konzentrieren hatte.

Alle anderen Leute im Stall waren mir in diesem Moment egal. Mit einigen von ihnen hatte ich darüber geredet; sie hatten dafür Verständnis. Doch schon beim nächsten Besuch im Stall wurde ich genau von diesen Leuten wieder zugetextet.

Indem ich jedoch an meinem definierten Ziel festhielt, nämlich nicht auf die Stallkollegen zu reagieren, lernte ich meine allererste Lektion in der Rolle eines Alphas:

Ich bewies die Stärke, meine Entscheidung durchzusetzen. Ich hielt den Druck aus, der von außen an mich herangetragen wurde. Ich fand mich damit zurecht, dass ich nicht alle Erwartungen zu erfüllen hatte. Es gab nur ein einziges Ziel und dieses galt es, zu erreichen.

Nach und nach wurde mir bewusst, dass ein Chef genau über diese Fähigkeit, nämlich Prioritäten zu setzen, verfügen können muss. Damit wurde mir auch deutlich, dass ich genau in diesen Momenten der Entscheidung auf mich alleine gestellt war: Ich stand im Abseits genauso wie die Alphas in der Herde (!).

Denkpause

Es war dazu keinesfalls nötig, mit den Kollegen im Stall den Kontakt abzubrechen. Zu den Zeiten, in denen ich nicht mit dem Pferd arbeitete, waren mir manche Gespräche sehr willkommen. Und so stellte sich nicht nur bei mir, sondern auch bei einigen Reitfreunden ganz langsam ein neuer Alltag ein: Es gab für alles eine Zeit. Da waren die Momente der Arbeit mit dem Pferd und es gab Phasen, in denen wir uns unterhielten.

In dieser Situation passierte es dann: Schlagartig veränderte sich die Beziehung zwischen meinem Pferd und mir. Irgendwie kommunizierten wir beide sehr viel intensiver miteinander als jemals zuvor. Auf einmal war ich während des Putzens sehr viel aufmerksamer. Klar, ich war ja nicht mehr abgelenkt. Ich nahm die Reaktionen meiner Stute sehr schnell auf und konnte meinerseits direkt darauf eingehen. Sie spitzte die Ohren oder legte sie an, sie wedelte mit dem Schweif oder nagte an der Boxentür, sie spielte mit dem Strick oder spitzte die Lippen, sie hielt den Kopf in die Höhe oder sie schnaufte tief durch. Es waren so viele Hinweise, die mir mein Pferd gab – und all diese Aussagen hatte ich bis vor kurzem überhaupt gar nicht wahr genommen.

Als ich das begriff, fühlte ich mich wirklich nicht besonders wohl in meiner Haut. So lange Zeit schon versuchte meine Stute mit mir zu reden und ich war nicht in der Lage, dieses zu erkennen. Viel mehr sprach ich wie alle anderen im Stall mit absolut jedem, nur nicht mit meinem Pferd. Plötzlich hatte ich das Gefühl, mein Tier über all diese Zeit vernachlässigt zu haben. Mit dieser für mich beeindruckenden Erfahrung fühlte ich mich in meinem Beschluss bestätigt.

In den folgenden Wochen lernte ich, die Sprache meiner Stute besser zu verstehen. Irgendwann wusste ich genau, warum sie beim Putzen auf die eine oder andere Weise reagierte. Ich konnte differenzieren, was ihr gut tut oder ob ihr etwas unangenehm ist, ob sie spielte, müde oder aufgeregt war.

Wir beide, meine Stute und ich, lernten uns neu kennen. Mit dieser kommunikativen Basis war die Voraussetzung für eine vertrauensvolle Beziehung geschaffen.

Für meine Stute bedeutete dieser „neue Michl“ auch eine Veränderung. Dadurch, dass ich mein Pferd immer besser verstand, veränderte ich – damals unbemerkt – meine Sprache mit dem Tier. Häufig stellte ich mir die Frage, was mir mein Pferd gerade mitteilen wollte. Jedes Mal, wenn ich davon überzeugt war, das Pferd richtig verstanden zu haben, reagierte ich darauf. Zunächst sprach ich meine Gedanken vor mich hin. Nach und nach unterstützte ich mein Gefasel durch eine direkte körperliche Aktion. Ich erhob die Stimme oder senkte sie, ich zwickte das Pferd oder führte es am Strick. Manchmal boxte ich die Stute oder ich rieb ihr die Stirn. Ich drohte ihr mit einer aufrechten Haltung oder senkte den Kopf leicht nach vorn. Ganz von selbst übernahm ich die Gestik, die Sprache des Pferds und machte sie mir zu Eigen.

Nein, ich bitte Sie! Natürlich kann ich nicht die Ohren anlegen und mir ist bis jetzt auch noch kein Schweif gewachsen, mit dem ich wedeln könnte. Diese Defizite gleiche ich mit anderen Dingen aus. Zum Beispiel runzele ich die Stirn, um zu zeigen, dass mir etwas nicht gefällt; damit habe ich im übertragenen Sinne die Ohren angelegt. Die meisten Signale habe ich allerdings von den Pferden übernommen.

Der Führer-Schein

Ich erinnere mich heute noch an meine ersten Reitstunden genauso wie an meine ersten Fahrstunden mit dem Auto. In beiden Situationen fühlte ich mich durch die vielen Zurufe meiner Ausbilder enorm unter Druck gesetzt. In der Reitstunde war ich zu Beginn einfach nicht in der Lage, all die zahlreichen Kommandos zeitgleich umzusetzen. „Schultern zurück!“ „Hände zusammen!“ „Kopf gerade!“ „Fersen nach unten!“ „Brust ’raus!“ „Außen begrenzen!“ „Innen treiben!“ Puh, ich brauche Ihnen nicht zu sagen, wie anstrengend das war.

Zu dieser Zeit hatte ich noch kein eigenes Pferd. Außerdem interessierte ich mich nicht wirklich für den englischen Reitstil. Zudem hatte ich überhaupt keinen Ehrgeiz, auf irgendwelchen Turnieren meine Leistungen mit anderen Reitern zu vergleichen. Ich wollte einfach nur reiten. Da mir damals diese Art der Ausbildung zu stressig war, beendete ich die Tortur schon nach wenigen Stunden.

Als ich aber dann einige Zeit später eher zufällig Pferdebesitzer wurde, stellte sich für mich erneut die Frage, ob ich Unterricht nehmen sollte. Ich war zwar ein schlechter Reiter, war aber doch sehr sattelfest. Daher beschloss ich, keine weiteren Übungsstunden zu buchen. Schließlich galt mein Interesse dem Wanderreiten und dort draußen im Gelände fühlte ich mich sicher und unbeschwert. Ich konnte mein Pferd in allen drei Gangarten bewegen und es nach links und nach rechts lenken.

Ich kaufte mir einen Cowboy-Hut, ein Bowie-Messer und ein Paar Westernstiefel und dachte an John Wayne. Sie können wahrscheinlich nachempfinden, wie stolz ich mich fühlte, als ich mit meinem neuen Partner Pferd in die ach so gefährliche Wildnis des französischen Elsass ausritt.

Dieser Stolz wich dann allerdings sehr schnell der bitteren Wahrheit. Nach flotten Patrouillen von allerhöchstens 45 Minuten kehrte ich total fertig (man kann sagen, völlig am A…) in den Stall zurück. Ich war dermaßen körperlich und geistig am Ende, dass ich mir ehrlich die Frage stellte: „Was mache ich falsch?“

Stopp – das ist eine Lüge! Zunächst gab ich meinem neuen Partner die Schuld: Diese Stute, so ein Trampel!

Kann denn der Gaul nicht einfach mit mir die Natur genießen? Meine Stute soll doch froh darüber sein, dass ich mit ihr spazieren gehe, dachte ich. Wieso machte die denn solche Zicken? Dieses Biest hatte mich doch gerade vorhin fast vom Sattel gezogen, als sie plötzlich und unverhofft ihren Kopf zum Fressen senkte. Dann trabte sie ständig an und erschrak immer wieder wegen irgendwelcher harmlosen Vögel. „So eine Mähre", beschimpfte ich sie in meinen Gedanken. Ich stellte mir ernsthaft die Frage, ob ich wohl gut darin beraten war, genau diesen Zossen gekauft zu haben.

Erst einige Monate später erkannte ich, dass ich mich anders zu verhalten hatte, wollte ich ein bestimmtes Ziel mit meinem Pferd erreichen. Mir war klar geworden, dass meine Stute zwar grundsätzlich dazu bereit war, die von mir gewünschte Richtung einzuschlagen. Alles in allem aber war sie diejenige, die bestimmte: Sie gab immer dann den Ton an, wenn ihr Pferdenaturell es von ihr verlangte.

Ich denke noch daran, als ich mit ihr einmal alleine an einem sonnigen, windigen Tag ausritt. Fernab von jeglichem Zivilisationslärm legten wir eine Pause ein. Ich stieg ab, um sie auf einer Wiese grasen zu lassen. Ein paar Minuten später beschloss ich, die Rast zu beenden und zur Abwechslung mal von der rechten Seite aufzusitzen. Ich hatte den einen Fuß im Steigbügel und gerade, als ich mein linkes Bein über den Pferderücken schwingen wollte, galoppierte dieser Teufel aus dem Stand heraus los – Vollgas Richtung Stall. Oh, ich hatte so einen Hass auf dieses Luder, als ich rücklings im Dreck lag!

Es ist mir bis heute nicht klar, was die Ursache für diese plötzliche Flucht gewesen war. Jedenfalls beschloss ich, dass dies nie wieder passieren würde.

Es fiel mir ein, wie das damals mit dem Stress während der Reitschulstunden gewesen war. Diesen Druck wollte ich nicht mehr erleben. Gleichzeitig war mir aber bewusst, dass ich etwas zu unternehmen hatte. Ich kaufte mir also Bücher und Filme, um zunächst einmal mein Wissen über die Pferde etwas aufzupäppeln; viel Erfahrung hatte ich schließlich nicht. Deshalb wollte ich von anderen Pferde-Profis lernen.

So vorbereitet fasste ich den Entschluss, eines nach dem anderen zu lernen: Schritt für Schritt wollte ich zum Führer werden. Ich machte sozusagen einen Führer-Schein auf meine ganz eigene Weise. Ohne jeglichen Zeitdruck nahm ich mir diejenigen Übungen vor, auf die ich gerade Lust hatte.

Der Erfolg ließ nicht lange auf sich warten. Indem ich mir für jeden Tag ein bestimmtes Ziel, eine Trainingseinheit, ausdachte, konnte ich mich sehr genau darauf konzentrieren. Ich hatte viel mehr Spaß dabei und hatte darüber hinaus auch noch einen Blick für mein Pferd. Langsam kombinierte ich meine Erfahrungen mit dem theoretisch Erlernten. Ich entwickelte neue Spiele für mich und meinen Kumpel. Plötzlich stellte ich fest, dass ich ohne jede Mühe in der Lage war, viele Dinge gleichzeitig zu erledigen.

Aus dieser Entwicklung schöpfte ich neues Selbstbewusstsein; ich wurde immer sicherer. Diese Sicherheit übertrug ich auf meinen vierbeinigen Freund. So kamen dann fast von alleine immer mehr Dinge zusammen, die mich auf meinem Weg, der Chef zu werden, unterstützten.

Die einzelnen Übungen gestaltete ich immer kurz. Selten dauerte eine Einheit mehr als 45 Minuten. Allerdings kamen zu dieser praktischen Arbeit eine Vorbereitung und eine Nachbereitung hinzu, so dass ich in der Regel kaum unter drei Stunden beschäftigt war.

In der Vorbereitungszeit überlegte ich mir, abhängig von meiner Tagesform und -laune, eine bestimmte Lektion. Einmal hatte ich einfach Lust, mit meinem hufbeinigen Kameraden zu spielen. Ein anderes Mal dachte ich mir eine Aufgabe aus, um die Schreckhaftigkeit meiner Stute besser einschätzen zu lernen, um aus dieser Erfahrung heraus weitere Übungen auszutüfteln. An Tagen, an denen ich nicht so kreativ war, sollte dann zumindest meine Dominanz auf den Prüfstein gestellt werden. Jedenfalls war es notwendig, die meisten der Trainingseinheiten mit einer Idee und in der Regel auch mit dem Aufbau eines Parcours einzuleiten.

Die Nachbereitung war nicht nur dadurch zu erledigen, den Reitplatz wieder aufzuräumen. Wie wir wissen, sollte eine Übung mit dem Pferd immer mit einem positiven Erlebnis beendet werden. Da aber nicht immer alle Aufgaben auf Anhieb gelangen, musste ich oft die Endphase des Unterrichts anders ausführen, als ich das ursprünglich geplant hatte. Ich schloss das Training immer mit einem Manöver ab, das wir beide beherrschten. So hatte ich Grund genug, meine Stute zu loben und zu belohnen.

So. Bevor ich Ihnen nun in dem nächsten Kapitel von meinen persönlichen Erlebnissen und Erfolgen ausführlicher erzähle, stelle ich fest, dass Sie das Buch noch immer in den Händen halten.

Ich denke, Sie haben durch meine Ausdrucksweise genügend Ausdauer und Nehmerqualitäten bewiesen, die eine gute Grundlage dafür sind, Chef zu werden!

An diesem Punkt angelangt, möchte ich Ihnen empfehlen, dass Sie auf dem Weg zum Alpha Ihre eigene Geschwindigkeit bestimmen. Nehmen Sie sich die Zeit, die Sie und Ihr Pferd brauchen. Machen Sie Ihren ganz eigenen Führer-Schein!

Meine Arbeit

Die Trainingspartner

Zuallererst möchte ich Ihnen meine Trainingspartner vorstellen:

Meine liebe Frau Tanja, Diplom Pferdeosteopathin COS., war und ist für mich mein Spiegel. Sie kritisiert mich bei meinen Übungen und kümmert sich liebevoll um die Gesundheit unserer Pferde. Sie ist für mich der tollste Kumpel, nicht nur in der gemeinsamen Zeit mit unseren Tieren.

Meine Stute Decidée ist eine Angloaraberin, geboren 1991. Sie war, als ich sie im Frühjahr 2005 kaufte, eine wilde Teufelin mit reichlich Pfeffer im Hintern. Sie ist Leitstute in der Herde und so manches Mal führte sie mich an meine Grenzen. Naja. Zu Beginn unserer Beziehung bestimmte eigentlich sie über alles, was da so anfiel. Meine Rolle war damals eher die eines Statisten.

Tanjas Wallach Indigo ist ein Pinto aus Polen, geboren 2002. Er kam Ende 2007 fast ohne Ausbildung zu uns. Mit seiner enormen Kraft und Vitalität und mit seinem einfachen und direkten Gemüt fand er schnell seine Position in der Herde und einen Platz in unseren Herzen.

Und da war noch Farina, eine Württemberger Warmblutstute, die im Winter 2007 mit 20 Jahren verstarb. Sie war Tanja zur Pflege übergeben worden. Farina war eine großartige alte

Dame mit reichlich Erfahrung im Gelände. Von ihr durften wir sehr vieles lernen.

Das Putzen ist immer die erste Übung

Bevor ich mich in den Sattel schwinge, beginnt für mich die Stallarbeit. Ich begrüße Decidée und beobachte sie dabei genau. Ich gebe ihr in der Box einige Minuten Zeit, um sich darauf einzustellen, dass ich anwesend bin. Obwohl ich noch einige Male in der Stallgasse hin- und herlaufen muss, um den Putzkoffer und den sonstigen Kram zu besorgen, vielleicht auch hier und da einige Kollegen zu begrüßen, fordere ich mit ruhiger Stimme und mit Blickkontakt ihre Aufmerksamkeit. Jeden Tag aufs Neue scheint es mir, als würde sie mich genauso prüfend beobachten; und doch ist jeder Tag ein wenig anders.

Dann öffne ich die Stalltür und der Dialog zwischen uns beiden wird intensiver. Noch während Decidée in der Box steht, zeige ich ihr das Halfter. Ich brauche mich nicht abzumühen, um ihr das Ding anzulegen; nein, sie hilft mir dabei. Immer. Je nach ihrer Laune steckt sie mal schneller und manchmal langsamer den Kopf hinein. Dann führe ich sie aus der Box und binde sie zum Putzen in der Stallgasse an. Ab dem Zeitpunkt, an dem ich sie aus der Box herausführe, bin ich Chef.

Gerade zu Beginn unserer jeweiligen Zusammenkunft dulde ich keine Mätzchen. Ich habe gelernt, mich nicht ablenken zu lassen und genau das fordere ich auch von Decidée. Trotzdem bin ich mir über ihre Situation bewusst. Sie steht angebunden in der Gasse, und zwar, weil sie von mir dort gefesselt wurde. Wenn sie sich zum Beispiel jetzt erschreckt oder von einem Geschwader Killerfliegen angegriffen wird, ist sie durch den

Strick daran gehindert, ihre durch Reflexe ausgelösten Bewegungen in vollem Umfang auszuführen.

Ich stelle mir deshalb vor, dass unter bestimmten Umständen das Angebunden-Sein für Decidée nicht sehr angenehm ist. Genau dann betrachte ich es als meine Aufgabe, besonders aufmerksam zu sein. Ich versuche so weit wie möglich, die von mir verursachten Einschränkungen auszugleichen. Ich passe auf, dass sie durch kein anderes Pferd angegangen wird, das gerade hinter ihr vorbeigeführt wird. Ich binde den Strick etwas weiter, damit sie sich besser selbst gegen den teuflischen Kampfverband der Mücken wehren kann oder kratze sie an Stellen, an die sie gerade jetzt nicht selbst hinkommt. Es ist mir in diesem Moment einfach sehr wichtig, dass mein Pferd merkt, dass wir uns gemeinsam in dieser Situation befinden und dass ich meinen Anteil dazu beitrage, dass sich Decidée wohlfühlen kann. Schon jetzt tue ich das, was von mir für eine gegenseitige, vertrauensvolle Beziehung geleistet werden kann.

Mit diesen Aufgaben, die ich zusätzlich neben der eigentlichen Putzarbeit wahrnehme, bin ich vollends ausgelastet. Ich konzentriere mich in jeder Sekunde auf Decidée und lerne sie dabei auch heute noch jeden Tag ein bisschen besser kennen.

Das Putzen dauert auf diese Weise circa 30 Minuten. In dieser Zeit fordere ich von Decidée ihre Aufmerksamkeit und ihre Zusammenarbeit. Schon beim kleinsten Anzeichen von Ablenkung erinnere ich sie daran, welcher Job gerade von uns beiden zu erledigen ist. In der Regel reicht es aus, dass ich ihr mit einem ersten Blick oder mit der Stimme eine Drohung signalisiere, um ihre Achtsamkeit zurückzugewinnen.

Manchmal aber beobachtet sie aus der Fensteröffnung das Geschehen auf dem Reitplatz und lässt das Putzen irgendwie über sich ergehen. Wenn ich dann erkenne, dass mein Blick und meine Stimme, also meine psychischen Mittel, zu nichts führen, ergreife ich sofort andere Maßnahmen.

Es gibt dafür eine ganze Reihe an Möglichkeiten. Es hilft zum Beispiel, Decidées Aufmerksamkeit auf mich zu lenken, wenn ich sie an besonders angenehmen oder unangenehmen Stellen putze. Es spielt dann für den Moment überhaupt keine Rolle, ob ich diese Stelle gerade zuvor schon geputzt habe; dann gehe ich dort eben noch einmal für ein paar Sekunden 'ran. Hilft das auch nicht, nehme ich meinen Ellbogen oder mein Knie zur Hilfe. Ich bin Chef und ich bestimme darüber, ob aufgepasst oder gebummelt wird. Wichtig dabei ist, dass alle Maßnahmen sofort ergriffen werden, nämlich bevor kleinere oder größere Unfälle passieren.

Allerdings bemerkte ich auch, dass Decidée während des Putzens mit mir spricht.

Anfangs war mir das gar nicht bewusst. Sie ging zum Beispiel beim Kämmen ihrer Mähne einen winzigen Schritt nach vorne oder nach hinten und blieb dann wieder wie am Boden festgeklebt stehen. Ich hielt dies für eine Unart, schließlich hatte ich gelernt, dass Pferde beim Putzen absolut stillzustehen haben. Da sie dieses Verhalten aber öfter wiederholte, begriff ich, dass sie sich genau so hinstellte, dass sie an einem ganz bestimmten Punkt – nämlich ein paar Zentimeter vor dem Widerrist – von mir gekämmt wurde. Sobald die Bürste genau auf diesem Fleck kratzte, begann sie zu kauen und hielt diese Stellung für eine halbe Ewigkeit. Natürlich bediene ich heute sehr gerne dieses Verlangen von ihr; es ist ja schließlich auch mein Job.

Also. Das Putzen ist eine Übung, und es ist die allererste Trainingseinheit an jedem Tag. Alles, was mir in Sachen Dominanz jetzt gelingt, kann ich für den Rest des Tages viel einfacher in Anspruch nehmen. Das, was ich jetzt versäume, werde ich später nur schwer korrigieren können (Farbtafel I).

Das richtige Führen am Strick

Meine Frau und ich haben während unserer Besuche auf Ranches in verschiedenen Teilen der Welt feststellen können, dass sich viele Pferde nicht besonders partnerschaftlich verhalten, wenn man sie am Strick oder am Zügel führt. Die einen reißen einem schier den Arm aus, indem sie schneller gehen als der führende Mensch. Die anderen Gäule sind so träge, dass man fast gewillt ist, sie zu tragen, um vorwärts zu kommen. Auch mit unseren eigenen Pferden war das am Anfang wirklich keine besonders vergnügliche Angelegenheit für Tanja und mich.

Farina gehörte zu den Bummlern. Wenn Tanja mit ihr alleine spazieren ging, war das für beide kein Problem. Tanja passte sich dem langsamen Gang ihrer Gefährtin an und das war's. Wenn die beiden aber in einer Gruppe unterwegs waren, gelang es Tanja kaum, mit den anderen Freunden Schritt zu halten.

Decidée war da ganz anders. Vermutlich weil sie Leitstute ist, war sie es gewohnt, immer zur Spitzengruppe zu gehören. Sie war kaum in der Lage, Schritt zu gehen. Ich würde ihren damaligen Gang eher als eine Art lateinamerikanischen „Salsa-Tölt“ einstufen. Mit einem schwingenden Hintern tippelte sie der Gruppe voran und sozusagen als dekoratives Faltenröckchen flatterte ich an der Seite neben ihr her. Es war mir so etwas von lästig, sie stets am Zügel zu bremsen. Ich ging davon aus, dass dieser andauernde Kampf zwischen uns beiden auch für sie nicht die Erfüllung gewesen sein konnte. Aber diese rassige Vollblut-Diva musste ja ihren Schädel durchsetzen. In dieser Zeit war Decidée ohne jeden Zweifel der Chef von uns beiden.

Indigo hingegen ist wieder ein anderes Kaliber. Diese polnische Fressmaschine hat keine gleichbleibende Geschwindigkeit. Sein gesamtes Interesse gilt den Grashälmchen, den

Maiskolben und den Gebüschen. Überall da, wo der Satan etwas in sein gieriges Maul stopfen kann, wandert er hin. Da Tanja zurzeit unser Baby erwartet, ist sie physisch zu sehr eingeschränkt, um Indigo dominant entgegenzutreten. Seine Erziehung, die sich Tanja nicht nehmen lässt, muss deshalb noch etwas warten.

In der Zeit, als ich beschloss, Alpha zu werden, fiel mir eher zufällig die filmische Anleitung für Pferdeerziehung eines nordamerikanischen Native in die Hände:

Sein Name ist *GaWaNi Pony Boy*.
In seinem Werk *„Horse, follow closely"* zeigt er genau das, was ich gerade zum Führen eines Pferdes brauchte.

Ich möchte an dieser Stelle festhalten, dass die nachfolgenden Hinweise nicht auf meinen Mist gewachsen sind. Ich habe sie aus der Vorlage aufgegriffen und ausprobiert. Ich kombinierte sie mit meiner eigenen Körperhaltung und entwickelte sie, ausgehend vom Reitplatz, draußen im Gelände weiter. Der Erfolg war für mich beeindruckend.

Als Wanderreiter steige ich unterwegs oft vom Pferd ab. In der Natur, weitab von jedem eingezäunten Übungsplatz, ist es für mich von allergrößter Wichtigkeit, dass ich jederzeit Herr der Lage bin. Ich laufe neben Decidée und führe sie am Zügel durch unwegsames Gelände. Das kommt zum Beispiel dann vor, wenn durch umgefallene Bäume die Durchgangshöhe für Pferd und Reiter zu gering ist und so ein Absteigen notwendig wird. Dann muss ich mich darauf verlassen können, dass Decidée nicht drängelt, ganz gleich aus welchem Grund: ob sie erschrickt oder einfach nur vorne dabei sein will. Sie hat mir in dieser Situation einfach nur zu folgen. Ich bin der Chef. Ich entscheide, ob wir beide den Weg gehen können. Ich passe auf, dass nirgends eine zusätzliche Gefahr lauert.

Um mich auf solche Ereignisse auf unseren Touren vorzubereiten, übte ich das richtige Führen am Strick erst einmal auf dem Rundplatz und später auch auf dem Reitplatz.

Ganz ohne Hindernisse und ohne Parcours nahm ich zunächst das Führseil fest in eine Hand; ganz so, wie ich das schon immer machte. Dabei war die Länge des Stricks von meiner Hand bis zum Halfter von Decidée circa 1,5 Meter lang. Dann verkürzte ich nach und nach den Abstand von mir zu Decidée, indem ich den Strick aufwickelte. Ich merkte schnell, dass meine Stute sich das nicht gefallen lassen wollte; schließlich schränkte ich sie zunehmend in ihrer Bewegungsfreiheit ein. Sie fuchtelte mit dem Kopf, versuchte stehen zu bleiben und die Richtung zu ändern. Sie wollte einfach nicht den Weg gehen, den ich für uns vorgab. Um sie dennoch bei mir zu behalten, musste ich enorm viel Kraft in meinem Oberarm und in meiner Schulter aufbringen.

Dann setzte ich die Methode von *GaWaNi Pony Boy* ein: Den Strick hielt ich wie zuvor aufgewickelt in der Faust und steckte aber meinen Daumen in die vordere Hosentasche. Ich konnte kaum glauben, wie viel mehr Kraft mir über diese Verbindung von Halfter, Strick, Faust, Daumen und Hosentasche plötzlich zur Verfügung stand. Ohne mich nach Decidée umzuschauen, setzte ich mich also wieder in Gang. Sie spürte sofort mehr Zug. Anfangs ruckelte es noch ein wenig an meiner Hose durch Decidées Widerstände, aber schon schnell bemerkte ich, dass sie mir folgte. Immer kürzer hielt ich den Strick, bis nur noch etwa 50 Zentimeter zwischen Halfter und Hosentasche verblieben. Ich änderte die Richtung schlagartig, stoppte und ging wieder los. All das war plötzlich gar kein Problem mehr. Wow! So einfach kann es sein, mit ein bisschen menschlicher Intelligenz die unterschiedlichen Kräfte zwischen Pferd und Mensch auszugleichen.

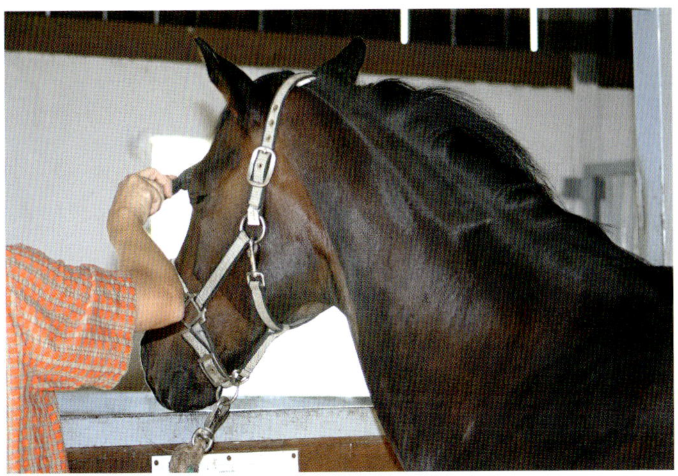

Um Decidée vom Fensterln abzuhalten, kämmt Michl ihr die Stirn. Damit lenkt er ihre Aufmerksamkeit von dem Geschehen draußen auf sich.

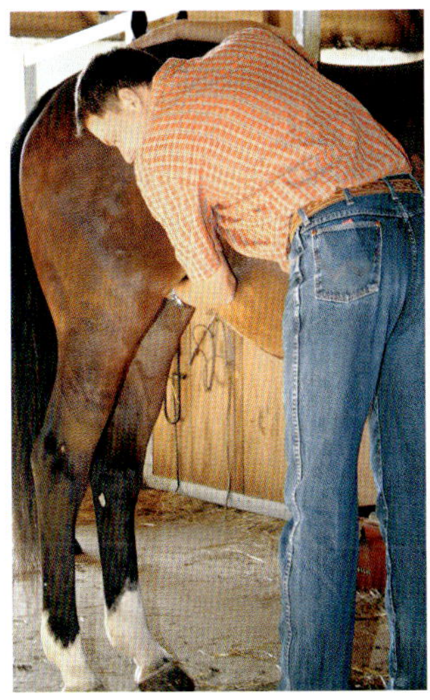

Wenn Decidée rossig ist, verkleben häufig auch die Zitzen. Sie liebt es, wenn Michl ihr die Krusten entfernt.

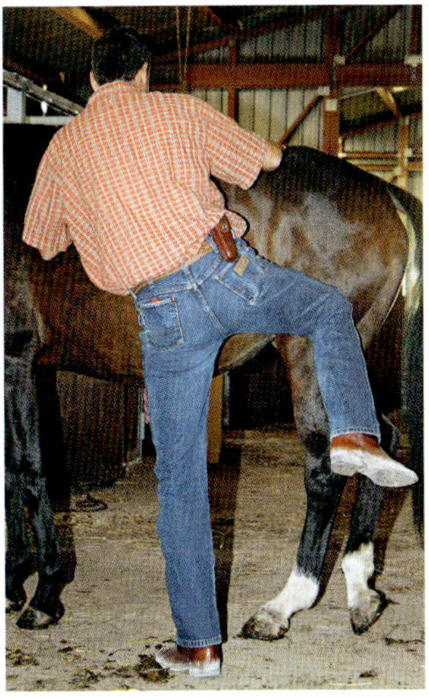

Er nimmt schon mal sanft das Knie zu Hilfe, wenn alle Versuche scheitern, Decidées Aufmerksamkeit zu erlangen.

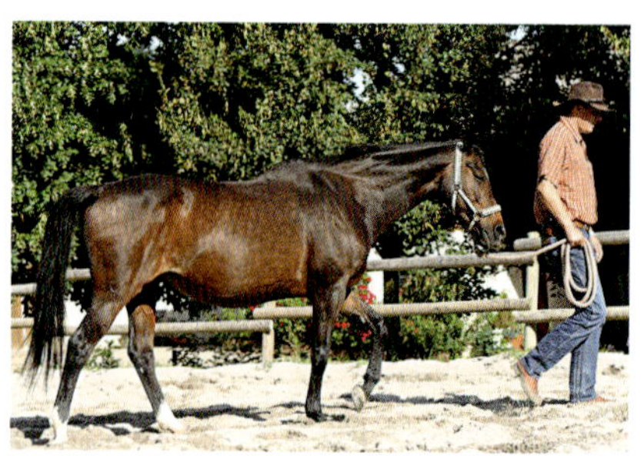

Michl und Decidée bei der Übung: Führen am Strick.

Mit dem Daumen in der Tasche ist das Führen mit viel weniger Kraftaufwand für den Menschen möglich.

Michl lässt den Strick fallen und entfernt sich von Decidée. Sie bleibt stehen.

Michl nimmt Anlauf und springt auf Decidée zu.

Obwohl Decidée erschrickt, bleibt sie auf der Stelle stehen.

Oben: Mit einem kreativen Blick finden sich überall geeignete Trainingsgeräte für die Bodenarbeit mit Pferden. In dieser Übung wählt Michl einen aufblasbaren Fußball. Den kickt er unter Decidées Bauch hindurch …

Rechts: … und wirft ihn über sie drüber. Dabei soll die Stute auf Michl vertrauen und einfach still stehen bleiben und das rollende und fliegende Ding mit Gelassenheit ertragen. Kein Problem!

Übung und zugleich auch Kontrolle fürs Vertrauen: In der Nachbarschaft gibt es neue Rinder. Während eines Spazierrittes steigt Michl direkt neben ihrer Weide aus dem Sattel und führt seine Stute ein paar Schritte (oben). Dann aber lässt er die Zügel fallen und entfernt sich von Decidée. Brav, wenn auch mit einem skeptischen Blick nach hinten zu den Rindern, bleibt sie stehen, genauso wie sie das zuvor auf dem Platz geübt hatte. Nun geht Michl wieder zu Decidée hin und lobt sie ausgiebig.

Wenn Decidée zickig ist, wird sie von Michl auf den Reitplatz geführt: Die Rangordnung zwischen den beiden muss geklärt werden. Sobald Decidée ihre Position unter Michl akzeptiert, beendet er die Auseinandersetzung. Sofort erkennt sie die positive Geste an und erwidert diese auf ihre Art.

Als der hübsche Indigo zu Michl und seiner Frau Tanja kommt, zeigt der fünfjährige Wallach eindrucksvoll, welches Temperament in ihm steckt. Es ist nun Tanjas Aufgabe, auch dem Gescheckten die Regeln einer funktionierenden Gemeinschaft beizubringen.

Diese Übung war ein Erfolg. Naja, fast.
Am Ende verweigerte Indigo Michl doch wieder die Aufmerksamkeit und glotzte nach draußen. Ob dieser Zuwanderer die hiesige Sprache einfach doch noch nicht versteht?

Im Sommer 2009 eröffnete Michl seinen Trainingsparcours, die »Ile de Bonheur«. Dort lebt er seinen Traum: In Kursen stellt er Reitfreunden vor, zu welchen Entscheidungen und zu welcher Verantwortung die Pferde in der Lage sind, wenn sie ihrem menschlichen Alpha vertrauen.

Indigo geht zum ersten Mal als Handpferd mit. Das hatte Michl ja erwartet: Der Wallach guckte und spielte. Diesem Herrn würden es Decidée und er schon zeigen.

Ein wenig zupfte es an Michls rechtem Arm. Er suchte nach einem guten Griff und steckte den Daumen in den Hosenbund. Auf dem Platz ging das alles ganz gut und deshalb führte er die Pferde bald nach draußen.

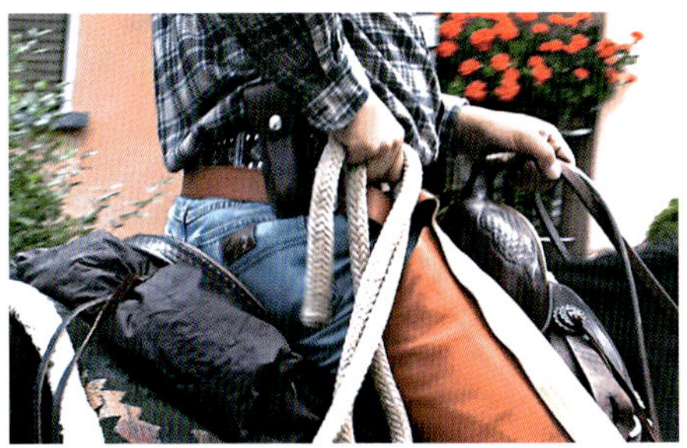

Auf den Dorfstraßen verhielten sich die beiden Pferde vorbildlich. Ab und zu zog Indigo ein wenig am rechten Arm; aber nichts von Bedeutung, denn sein Daumen steckte sicher im Hosenbund.

Selbst auf der Brücke, wo Indigo etwas nervöser zu sein schien, hatte Michl die Situation im Griff. Bellende Hunde, vorbeifahrende Autos und tobende Kinder brachten alle nicht aus der Ruhe.

Michl freute sich sehr darüber, als er auf dem Rückweg die Ohren beider Pferde entspannt auf Halbmast stehen sah.

Rinderarbeit in Argentinien: Michl reitet mit Hermoso am äußeren Ring der Herde. Noch sind nicht alle Rinder zusammengetrieben.

Ein Stück weit abseits entdeckt Michl einen Ausreißer (rechts) und folgt ihm. Oh Gott! Hätte das am Anfang seiner Gaucho-Karriere nicht ein Kälbchen sein können?

Tanja (linke Seite) macht sich ebenfalls auf, um die Herde zusammenzutreiben.

Tier für Tier werden die Rinder eingesammelt und zu einer großen Herde zusammengeführt.

Inzwischen fühlte sich Michl in seinem Sattel richtig wohl.

An der Station angekommen, stürzte sich Tanja sofort ins Geschehen. Sie verstand es schnell, sich in die Arbeit mit einzubringen. Hier zeigten die Pferde mit ihrem geringen Stockmaß, wie wendig sie sich auf engstem Raum bewegen konnten und wie gut sie für diese Arbeit ausgebildet waren.

Sobald die Rinder in erste Gruppen geteilt waren, galt es, diese auch auseinander zu halten, während einzelne Fremdgänger noch in das jeweils andere Lager gebracht werden mussten.
Erst als die Tiere sauber voneinander getrennt waren, wurden sie in separate Gehege geführt. Michl genoss diese Arbeit in vollen Zügen, bis ...

... am Ende die Rinder nur noch gewogen werden mussten.

Immer dann, wenn Michl neue Übungen aufgebaut hat, lässt er Decidée ein paar Schritte auf dem Reitplatz herumgehen. Sie soll selbst Gelegenheit haben, die Situation zu überprüfen.

Diese Körpersprache ist für Decidée typisch. Das eine Ohr ist zum Hindernis gewandt, mit dem anderen fragt sie ihren Reiter: „Und, ist da irgendetwas, das Du mir mitteilen willst?“

Es war Michls Entscheidung, durch dieses Hindernis zu gehen. Doch alles andere überließ er Decidée. Durch ihren gesenkten Kopf ist sehr schön zu sehen, wie sie sich auf den Weg konzentrierte. Gleichzeitig waren inzwischen beide Ohren zum Reiter gewandt. Dadurch machte sie ihm klar, dass sie jetzt für beide arbeitete und dass er aber auf den gesamten Rest aufzupassen hatte.

Um der ganzen Übung noch einen drauf zu setzen, legte Michl zwei Schwimmnudeln quer auf das Hindernis. Wieder sollte es das Ziel sein, dass Decidée seiner Anweisung folgte, dabei aber selbst zu sehen hatte, wie sie durch das Hindernis kam. Sie sollte sich darauf verlassen können, dass ihr Reiter ihr nicht zu viel zumutete. Kurz entschlossen stupste sie mit ihrer Stirn die Nudeln zu Boden.

Das intensive Training mit Decidée auf dem Reitplatz zeigt schon bald im Gelände und im Dorf seine Wirkung. So erinnert sich Michl manches Mal bei einem Ausritt an seine kreativen Aufbauten auf dem Übungsplatz.

Deshalb ist er sich dann auch absolut sicher, dass seine gut vorbereitete Stute vertrauensvoll diese Passage überquert. Michl verschwendet keinen Gedanken daran, dass sie in Panik geraten würde.

Und tatsächlich: Decidée lässt sich am Anfang des Engpasses brav anhalten. Damit gibt Michl ihr Zeit, dass sie sich in Ruhe den Weg vor ihr ansehen kann.

So überqueren beide das schmale Brückchen sicher und gelassen. Decidée senkt wieder entspannt ihren Kopf und schreitet weiter.

Indigos Neugierde richtet sich auf das Geschehen außerhalb des Stalls. Entspannt guckt er sich das Treiben auf dem Reitplatz an.
Wäre er dazu in der Lage, würde er sich ganz bestimmt einen Eimer Cola und eine Wanne voll Popcorn besorgen, um das Schauspiel noch intensiver genießen zu können.

Fütterung einmal anders: Das Risiko, gebissen zu werden, hat Michl erkannt. Trotzdem spielt er mit Decidée und vertraut ihr in dieser Lage.

Michl in seinem Element. In dieser Übung spielt er mit Decidées Neugierde. Beide sind total entspannt. Ob Decidée den Quatsch nachempfinden kann, ist eher unwahrscheinlich. Darauf kommt es auch nicht an. Michl übernimmt seine Aufgabe als Dienstleister. Er sorgt für Abwechslung in Decidées Alltag. Es steht ja nirgends geschrieben, dass der Alpha dabei keinen Spaß haben darf.

Irgendwann jedenfalls hat Decidée genug davon und zeigt das deutlich (Foto unten rechts). Dann ist es an der Zeit, den Unfug zu beenden.

*Wie anders, als pure Neugierde sollte man in dieser Szene Decidées Verhalten deuten?
Tanja und Michl hatten Indigo und Decidée nach der Arbeit auf die Koppel geführt. Dort konnten sie fressen, sich austoben oder ausruhen: Als die Zweibeiner die Halfter reinigen, gesellt sich Decidée zu ihnen und schaut dabei zu.*

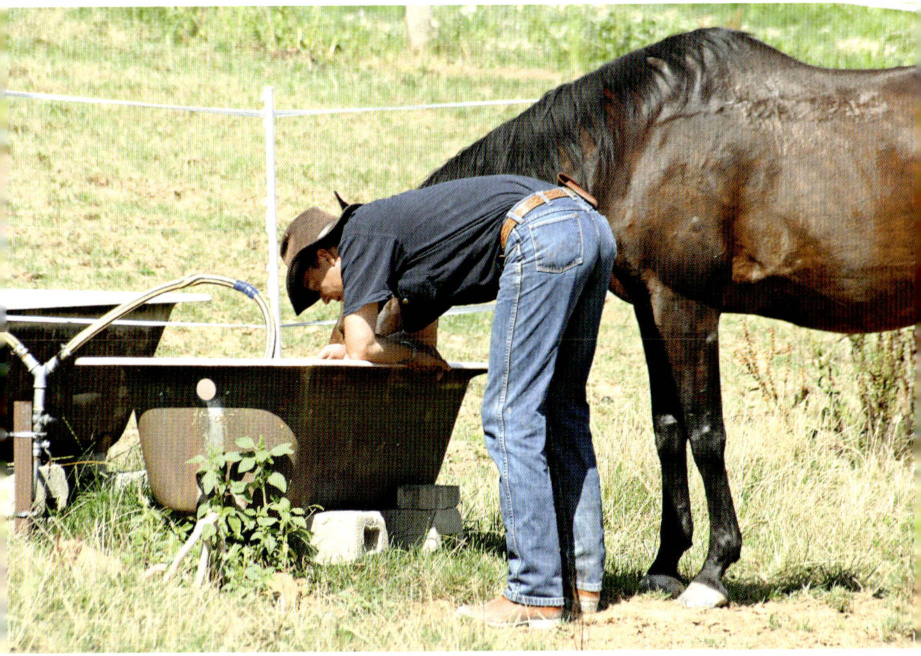

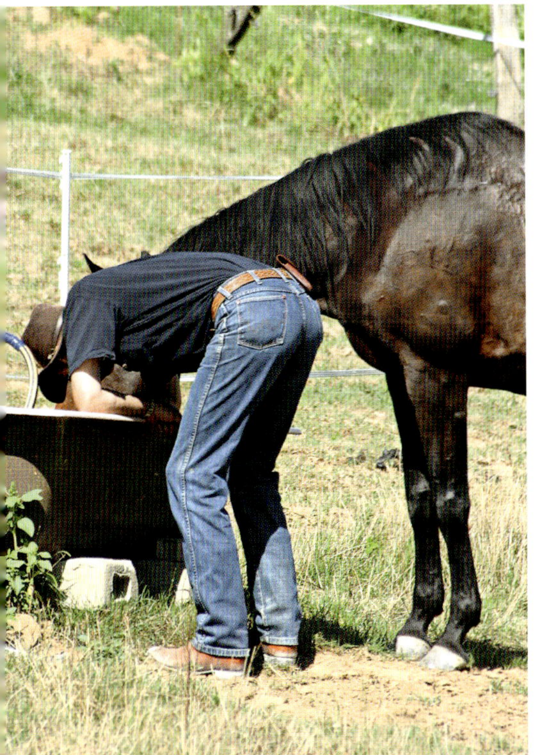

Michl wollte mal sehen, wie weit Decidées Interesse ging:

Er beugt sich zur Tränke und plantscht mit den Händen im Wasser. Prompt stellt sich Decidée ohne zu drängeln neben ihn und beginnt die Schlabberbrühe zu saufen.

Noch niemals zuvor hatte Decidée die Tränke mit anderen Pferden geteilt, während sie ihren Durst löschte.
Michl genießt diesen Moment, solange er dauert.

Oben: Untersuchung / Diagnostik: Halswirbelsäule (Lateralflexion)

Unten: Untersuchung / Diagnostik: Obere Halswirbelsäule (Extension)

Oben: Untersuchung / Diagnostik: Vordere Brustwirbelsäule

Unten: Unterschung / Reflex-Diagnostik: Brustwirbelsäule

Links: Untersuchung / Diagnostik: Lendenwirbelsäule (Rotation)

Unten: Untersuchung / Diagnostik: Fascialtest vorne links

Links: Untersuchung / Diagnostik: Schulter rechts (Außenrotation)

Rechts: Untersuchung / Diagnostik: Sprunggelenk rechts (Extension)

Die Akteure dieses Buches alle zusammen: Michls Frau Tanja mit ihrem temperamentvollen fünfjährigen Scheckwallach Indigo und Michl mit seiner 13-jährigen charakterstarken Anglo Araber-Stute Decidée.

Weil ich so glücklich über diesen Erfolg war, beendete ich die Übung schon nach wenigen Minuten und lobte meine Stute. Sie sollte lernen, dass das Führen auf diese Art und unter meinem Kommando für sie nichts Schlechtes bedeutete. Schon am nächsten Tag probierte ich diese Lektion auf ein Neues. Wieder klappte es hervorragend. So beschloss ich, den Reitplatz zusammen mit Decidée zu verlassen, um ungefähr 100 Meter weiter auf einer Wiese diese Übung ebenfalls durchzuführen. Auf dem Weg dorthin gab ich Decidée einen Meter Strick; total entspannt folgte sie mir. Auf dem saftigen Grün angekommen, wo ich sie nicht fressen ließ, zuckte es einmal kurz an meinem Daumen und danach nicht mehr wieder (Farbtafel II).

Zusammen mit Tanja und Farina machten wir auf diese Weise längere Spaziergänge, um diese Technik auf den Feldwegen zu erproben. Es war für alle Beteiligten ein voller Erfolg. Unterwegs sprachen Tanja und ich uns ab, um Pausen einzulegen. Unsere Pferde sollten lernen, dass wir bestimmen, wann gefressen wird.

So hielten wir hier und da an besonders schönen Plätzen an, lockerten die Stricke in unseren Händen und forderten Decidée und Farina mit einem ruhigen „Okaayyy“ dazu auf, jetzt zu fressen, was die beiden natürlich sofort taten. Kurze Zeit später nahmen wir den Strick wieder fester in die Hände und entschieden für uns vier mit einem zackigen „Auf geht's!“ die Pause zu beenden, um unsere Wanderung fortzusetzen. Auch das ging prima.

ααα

Um diese Übung um einen weiteren Punkt zu ergänzen, baute ich das Thema Schreckhaftigkeit mit ein. Zwar ist es im Gelände wirklich nicht ratsam, sein Pferd, ohne es anzubinden, frei stehen zu lassen. Trotzdem weiß ich, dass es Situationen geben kann, wo genau das für einen kurzen Moment kaum zu umgehen ist. Ich dachte mir, wenn sich Decidée in exakt so einer freien Sekunde erschreckt, haut sie mir ab und ich fange sie nicht mehr ein. Sie sollte also lernen, ohne dass ich den Strick hielt, stehen zu bleiben.

Ich ging also mit ihr auf den Reitplatz und führte sie zunächst ein paar Minuten. Dann, plötzlich und ohne jede Ankündigung, ließ ich den Strick fallen und ging weiter. Natürlich folgte mir Decidée, während sie den Strick mitschleifte. Tja, dachte ich, so einfach geht das nun auch nicht.

In den folgenden Versuchen unterstützte ich das Fallenlassen des Stricks mit den Kommandos „Steh!" und „Pass auf!". Zwar bemerkte ich nun bei Decidée, dass sie zögerte, aber so richtig gut hat das noch nicht hingehauen. Ich spürte regelrecht, dass sie mich fragte: „Was willst du?". Um ihr auf diese Frage eine Antwort zu geben, versuchte ich eine noch deutlichere Sprache zu finden. Ich hob also den Arm, in dem ich den Strick hielt, forderte sie auf, stehen zu bleiben, warf den Strick heftig zu Boden und drehte mich zu ihr. Klar, nun konnte Decidée nicht weiter laufen, schließlich stand ich ihr im Weg. Trotzdem wiederholte ich die Übung auf diese Weise einige Male. Dann, in einem weiteren Schritt verzichtete ich darauf, mich umzudrehen. Nach und nach reduzierte ich die einzelnen Hinweise. Ich unterließ es, sie anzusehen, behielt den Arm unten und ließ den Strick langsam aus den Händen gleiten. Irgendwann hatte Decidée begriffen, dass ein fallender Strick nicht auf meine Tollpatschigkeit zurückzuführen ist, sondern dass es sich dabei um eine gewollte Aktion handelte, bei der von ihr etwas verlangt wurde. Gleichzeitig lernte sie dabei, welche Reaktion ich von ihr wünschte.

Nun fasse ich das mal zusammen: Ich erwartete von meinem Pferd ein bestimmtes Verhalten. Decidée wusste nicht, was ich von ihr verlangte, weil es mir auf Anhieb nicht gelang, eine für sie verständliche Sprache zu finden (!). Erst als sie mich fragend ansah, begriff ich, dass sie zu allem bereit war, wenn ich ihr nur klarmachen konnte, was ich von ihr wollte. Mit viel Geduld und etwas Kreativität fand ich dann den richtigen Draht zu ihr.

Jetzt war ich in der Lage, meine Stute richtig zu führen. Ja, ich konnte mich auch von ihr wegbewegen, ohne dass ich Angst haben musste, dass sie stiften ging.

Um diese Übung zu festigen, versuchte ich das Stehenbleiben auch in einer schnelleren Gangart. Ich rannte also los, während ich Decidée am Strick führte. Der Sprint auf dem tiefen Boden des Reitplatzes war zwar anstrengend für mich – aber jetzt wollte ich es wissen.

Mitten im Spurt warf ich den Strick zu Boden und ... Decidée stand wie ein Fels in der Brandung, während ich keuchend weiterlief. Ich kann Ihnen sagen, dass ich riesig stolz gewesen bin. Diese Übung hatte ich noch nirgends zuvor gesehen und ich hatte es alleine geschafft, mit Decidée dieses Ziel zu erreichen! Für mich war das ein Triumph, der mich für weitere Ideen anspornte.

Jetzt waren wir beide soweit vorbereitet, um das Thema Schreckhaftigkeit endlich anzugehen. Decidée sollte lernen stehen zu bleiben, auch wenn sie sich erschreckt. Ich zermarterte mir den Kopf darüber, wie ich wohl eine Übung dazu aufbauen konnte. Ich wollte nicht irgendwelche Gegenstände auf sie werfen, weil ich darin die Gefahr sah, dass sie mir nicht mehr vertraute. Raschelnde Tüten, klappernde Büchsen und knallende Peitschen schienen mir an dieser Stelle ungeeignet. Da mir nichts Besseres einfiel, rannte ich einfach auf Decidée zu, als sie mit hängendem Strick dastand. Natürlich erschrak sie und riss den Kopf nach oben; das war ja auch der Sinn der Sache.

Allerdings wich sie auch zwei Schritte zurück. Naja, dachte ich, gar nicht mal so schlecht für den Anfang. Ich wiederholte die Übung immer und immer wieder. Ab und zu schrie ich dabei, während ich auf sie zu rannte und manchmal machte ich einen riesigen Satz, so dass unmittelbar vor ihren Beinen der Sand vom Boden aufspritzte. Decidée wurde mit der Zeit immer ruhiger, bis sie schließlich stehen blieb. Nach jeder einzelnen Übung sah ich wieder ihren fragenden Blick. Ich war aber nicht in der Lage ihr mitzuteilen, welchen Sinn ich in diesem Manöver erkannte.

Ich glaube, das wird sie wohl nie begreifen, aber das Ergebnis wird mir noch Recht geben.

Ich möchte an diesem Punkt klarstellen, dass es mir nicht darum geht, einem Pferd seine Schreckhaftigkeit abzuerziehen. Dieser Versuch würde deshalb scheitern, weil es die natürlichen Reflexe eines Beutetieres sind, die es schreckhaft werden lassen.

Mein Ziel ist es vielmehr, dem Pferd beizubringen, in meiner Gegenwart anders mit seiner Furcht umzugehen. Ich passe auf uns beide auf und ich entscheide, ob Flucht angesagt ist oder eben nicht (Farbtafel III).

Mit diesem erreichten Ziel wollte ich mich jedoch noch nicht zufrieden geben.

Als ich Decidée bekam, war mir an ihr aufgefallen, dass sie immer dann besonders schreckhaft war, wenn irgendwelche Dinge oberhalb ihrer Augenhöhe passierten: raschelnde Maisfelder, flatternde Vögel oder der Gang durch einen Hohlweg mit rechts und links meterhohen Böschungen.

Einmal besorgte ich in einem Spielwarengeschäft einige Geschenke und stolperte dabei zufällig über einen großen, aufblasbaren Fußball. Den kaufte ich kurzerhand – schon hatte ich ein neues Trainingsgerät für Decidée. Ich kann Ihnen sagen, dass sie überhaupt nicht begeistert war, mit diesem gefleckten Ungeheuer auch nur annähernd in irgendeiner Weise auf Tuchfühlung zu gehen. Wieder wurde ich in der Tugend Geduld auf die Probe gestellt.

Nachdem es mir gelang, Decidée mit dem Ball zu streicheln, ging eine Übung in die andere über. Zunächst stand ich in einigem Abstand zur ihr und warf den Ball senkrecht in die Höhe und fing ihn wieder auf. Ich stellte mich immer näher zu ihr und wiederholte diese Aktion. Für Decidée war es dann wohl die Königsübung, stehen zu bleiben, als ich den Ball unter ihrem Bauch durch kickte und über ihren Kopf warf. Mir war es gelungen, ihr Vertrauen zu erwerben (Farbtafel IV).

Auf dem Reitplatz haben wir bis jetzt also geübt, zusammen zu gehen, stehen zu bleiben und mit der Furcht umzugehen. Decidée hat in dieser Phase gelernt, mir ein Stück weit zu vertrauen. Ich habe erkannt, wie sie sich in den verschiedenen Situationen verhält und was sie mir jeweils mitzuteilen versuchte.

Aber wie würde sich Decidée in der Natur verhalten? Hatten die vielen Übungen im gewohnten Umfeld auch eine Wirkung draußen im Gelände? Das festzustellen konnte ich kaum erwarten.

ααα

Ich ging mal alleine, mal in Begleitung mit Decidée ausreiten. Ich wählte Strecken aus, die wir beide kannten. Da ich der Sache noch nicht so richtig traute, begann ich mit den Übungen ganz langsam. So stieg ich immer mal wieder aus dem Sattel und führte Decidée am Zügel, genau so, wie wir das zuvor mit dem Strick geübt hatten. In dieser Disziplin war Decidée zwischenzeitlich hervorragend: kein Gehopse, kein Drängeln, kein Schnappen nach Fressbarem. Sie ließ sich von mir führen, als hätte sie es niemals anders getan. Beim Auf- und Absteigen blieb sie ruhig stehen. Überhaupt schien sie sehr ausgeglichen zu sein.

Ich dachte mir, dass es jetzt an der Zeit wäre, den Zügel fallen zu lassen, um zu sehen, wie mein Pferd nun darauf reagierte. Für den Fall, dass sie abhauen würde, suchte ich mir eine Stelle aus, von der ich nicht weit zum Stall zu laufen hätte; ich meine, Sie wissen schon ...: So ein längerer Fußmarsch in Reitstiefeln fördert die Blasenbildung im Fersenbereich ungemein!

Vor allem aber wollte ich Decidée keiner Gefahr aussetzen. Sollte der Versuch misslingen, weil Decidée sich dafür entschied, zurück in Richtung Stall zu flüchten, sollte ihr dabei nichts geschehen. Ich wählte einen Ort, von dem aus auf dem Nachhauseweg keine Straßen zu überqueren waren.

Bei diesem ersten Versuch war eine Reitfreundin mit uns unterwegs. Ich erzählte ihr, was ich vorhatte und bat sie, auf keinen Fall stehen zu bleiben. Sie sollte im Sattel sitzend mit ihrem Pferd im Schritt einfach weiterreiten, während ich, Decidée führend, den Zügel fallen ließ und selbst ebenfalls weiterging. Wir waren sehr neugierig darauf, wie sich Decidée verhalten würde.

Also – gesagt, getan. Mit einem kurzen „Steh" unterstützend, öffnete ich meine Hand, um den Zügel fallen zu lassen. Es kostete mich reichlich Überwindung, mich nicht sofort nach meinem Pferd umzuschauen. Ich ging also ein paar Meter weiter und dann hielt ich es nicht mehr aus: Ich musste mich einfach umdrehen. Und tatsächlich!

Decidée stand da und glotzte mich fragend an. Ich würde diesen Blick von ihr so beschreiben: „Hey, Partner, bist du von Sinnen? Soll ich den ganzen Tag hier stehen bleiben? Was geht denn jetzt wieder unter deinem komischen Filzhut vor?"

Meine Reitfreundin und ich waren so freudig überrascht. Wir beide konnten kaum fassen, wie sich Decidée unter meiner Führung entwickelt hatte. Meine Stute stand ganz einfach da und wartete darauf, dass ich ihr ein neues Zeichen gab.

Noch vor ein paar Monaten war sie kaum zu halten gewesen, und jetzt das!

Zum allerersten Mal bekam ich eine respektvolle Anerkennung einer Reitfreundin für meine Leistung. Ich hatte es geschafft, ein dickköpfiges Vollblut vertrauensvoll an mich zu gewöhnen. Puh, ein wahnsinniges Gefühl war das!

In den nächsten Wochen übten Decidée und ich dieses Kunststück immer wieder. Zugleich suchte ich jedes Mal schwierigere Plätze dafür aus. Vor kurzem entdeckten Tanja und ich in unserer Nachbarschaft, dass sich ein Bauer neue Rindviecher angeschafft hatte. Dort wollten wir erneut mit Decidée üben. Sehen Sie selbst: Farbtafel V.

Machtkämpfe

Trotz aller Fortschritte, die Decidée und ich bereits gemacht hatten, war sie dennoch manchmal eine Zicke. Immer wieder kam es vor, dass meine Ellbogen-Stöße auf ihre Brust oder meine Knie-Hiebe auf ihren Hintern ergebnislos blieben. Decidée war in diesen Momenten einfach nicht dazu zu bewegen, die von mir gewünschte Übung zu erledigen. Meist war mir klar, woran es diesmal lag. Entweder besuchte ich sie zu der Zeit, in der alle Pferde im Stall gefüttert wurden oder ich war einfach zu lange nicht mehr bei ihr gewesen; Gründe dafür gab es immer wieder.

Manchmal konnte ich aber absolut keinen Anlass für ihre Spinnereien finden. Wie auch immer: Als Chef konnte und wollte ich nicht akzeptieren, dass es Phasen in der Beziehung zwischen uns gab, in denen sie, meine Stute, regierte. Chef ist man immer oder gar nicht, und Chef zu sein war meine Aufgabe.

Also nahm ich mir in der Position des Alphas das artgerechte Privileg heraus, meine widerspenstige Stute in die Schranken zu weisen. Ich führte sie zackig auf den Reitplatz, nahm ihr das Halfter ab und trieb sie durch den Staub.

In den ersten Minuten wich sie eher träge und unwillig meinen Kommandos aus; sie war überhaupt nicht bereit, auf mich zu reagieren. Irgendwann aber hatte sie genug von ihrem nervenden zweibeinigen Kollegen und begann, sich drohend meinen Befehlen zu widersetzen. Sie tackerte die Ohren auf ihren Nacken und versuchte ihrerseits, mich zu jagen. In einigem Abstand zu mir absolvierte sie Bocksprünge und schlug die Hinterbeine nach mir aus. Immer und immer wieder galoppierte sie auf mich zu, so dass ich wirklich aufpassen musste, dass mir nichts passierte. Ich glaube zwar fest daran, dass mich Decidée nicht absichtlich verletzen würde. Aber wer weiß das schon so genau und Unfälle passieren immer wieder.

Ihre Drohgebärden nahm ich jedenfalls sehr ernst. Es war ihre Sprache, mir zu zeigen, dass sie nicht willens war, jetzt zu arbeiten.

Diese psychische Herausforderung nahm ich an. Ich warf alles in die Waagschale, was ich bisher gelernt hatte. Ich warnte sie mit hocherhobenem Kopf und runzelnder Stirn, ich ermahnte sie mit lauten Rufen, ich versuchte sie einzuschüchtern, indem ich mit dem zusammen gerollten Strick vor ihrer Nase herumfuchtelte. Immer wieder drängte ich sie in eine Ecke und scheuchte sie erneut über den gesamten Reitplatz und jagte ihr dabei hinterher.

Schon nach wenigen Minuten bemerkte ich, dass sie nicht mehr all ihre Energie aufbrachte. Diesen Moment durfte ich nicht versäumen: Sofort blieb ich stehen, ließ den Strick zu Boden fallen und stellte mich seitwärts zu ihr gewandt hin.

Mit ausgestreckter offener Hand signalisierte ich ihr, dass für mich die Machtprobe beendet war. Regungslos stand ich da, bis Decidée nach circa 20 Sekunden kopfhängend und mit gespitzten Ohren auf mich zu trottete. Auch für sie war der Kampf vorbei und sie zeigte mir das, indem sie ihre Schnuffel (= Maul) in meine Hand legte. Ich lobte sie und führte sie ohne Umwege in die Box zurück, wo sie nun tun konnte, was auch immer sie vorher vorhatte. Die Positionen zwischen uns waren geklärt. So gab es für uns beide keinen Anlass mehr, diesen Zank weiter fortzusetzen.

Ich möchte Sie hier unbedingt dafür sensibilisieren, dass diese Art der Auseinandersetzung nicht ungefährlich ist. Zwar war der Konflikt zwischen Decidée und mir rein psychischer Art verlaufen; er hätte jedoch jederzeit eine physische Eskalation erreichen können. Wenn Sie sich mit Ihrem Pferd so einer Machtprobe aussetzen, sollten Sie sich darüber im Klaren sein, über welche geistigen und körperlichen Kräfte Sie in diesem Moment gerade verfügen. Sollten Sie in irgendeiner Weise eingeschränkt sein, wie zum Beispiel Tanja während der Schwangerschaft, bitte ich Sie, solche Übungen nicht durchzuführen (Farbtafel VI).

αααα

Auch mit Tanjas Indigo hatten wir diese Machtproben: siehe Farbtafel VII. Als Tanja den Indigo zu uns holte, machte er uns schnell deutlich, welches Temperament und welche Energie in ihm steckten. Er war ein tollpatschiger, aber sehr liebenswerter Zeitgenosse. In seinem neuen Zuhause musste er sich nicht nur an Tanja und mich gewöhnen, sondern hatte seinen Rang in Decidées Herde zu finden.

Indigo und Decidée konnten unterschiedlicher gar nicht sein. Er war ein junger Träumer ohne viel Mut und dementsprechend rangniedrig; Decidée war der Boss auf der Koppel. Nach und nach gewöhnte sich unser Junger an den neuen Stall und seine Heimat auf dem Hof im Elsass. Zu viert unternahmen Tanja und Indigo, Decidée und ich kleinere

Ausritte, bei denen sich die beiden Pferde unauffällig verhielten. Mit der Zeit aber wurde Indigo selbstbewusster. Wir beobachteten ihn dabei, wie er in der Herde immer häufiger in kleinere Rangeleien verwickelt war. Irgendwie gefiel es uns, dass wir uns mit Indigo doch kein Weichei angeschafft hatten.

Allerdings bemerkten wir nicht nur bei unserem Gescheckten, sondern auch bei Decidée immer öfter kleinere Beiß- und Kratzspuren im Fell. Wir hatten die beiden nebeneinander in Boxen untergebracht. So lag es auf der Hand, dass sich unsere Pferde gegenseitig anstichelten. Tanja und ich waren uns zunächst darüber einig, dass wir in die Rangeleien nicht eingreifen würden; die beiden Streithähne sollten das untereinander ausmachen.

Irgendwann platzte uns aber der Kragen, als die Zickereien auch dann nicht aufhörten, als wir vor ihren Boxen standen, um dort unsere Putzkoffer abzustellen. Sofort beendeten wir die Zankereien mit ein paar lauten Worten und einigen Boxhieben. Wir holten die Biester aus ihren Ställen, banden sie in der Gasse fest und forderten ihre Aufmerksamkeit, indem wir uns zwischen sie stellten und ihre Köpfe jeweils zu uns richteten. Für einige Sekunden behielten wir diese Haltung, um jedem von uns die Gelegenheit zu geben, ruhig zu werden und sich auf die neue Situation einzustellen.

Jetzt waren wir Zweibeiner da: Mit unserem Erscheinen musste den Pferden klar sein, dass damit eine neue Hierarchie gültig wurde, in der wir bestimmten, ob gezickt oder aufgepasst wird.

Schnell gingen Tanja und ich zum üblichen Ablauf über. Wir putzten die Pferde, die auf einmal nebeneinander standen, als wären sie die dicksten Kumpels.

Die Ursache für die Kloppereien unter unseren Tieren war natürlich mal wieder der Futterneid zwischen den beiden Fressmaschinen gewesen.

Decidée haben wir inzwischen so weit erzogen, dass wir mit einem gefüllten Eimer zu ihr in die Box hineingehen können, ohne dass sie uns vor lauter Gier über den Haufen rennt. Ja, sie weicht sogar einen Schritt zurück, weil sie gelernt hat, dass wir den Inhalt des Eimers erst dann in ihren Trog kippen, wenn sie uns dafür ausreichend Platz gewährt.

Bei Indigo funktioniert das bis heute noch nicht besonders gut. Teilweise attackiert er uns, bevor wir ihm den Trog füllen. Für diesen Kameraden müssen wir wohl etwas mehr Geduld und Dominanz aufbringen.

Ich hatte mir überlegt, wie unsere beiden Pferde besser begreifen würden, dass sie nicht miteinander zu zicken hatten, wenn Tanja oder ich mit ihnen arbeiten wollten. Ich hatte das Ziel vor Augen, dass die beiden aufhören, miteinander zu rangeln, wenn ich sie forderte. Klar, die beiden konnten tun und lassen, was sie wollten, wenn ich entweder gar nicht anwesend war oder wenn ich zwar da war, mich aber nicht um sie kümmerte.

Um auszuschließen, dass ich möglicherweise einen Fehler machte, fragte ich mich selbst, ob es an meiner Sprache, meiner Gestik oder Haltung lag. Gab es Zeiten, an denen ich unterschiedliche Signale sandte? War ich an manchen Tagen dominanter in meinem Auftreten als an anderen? Das habe ich für mich ausgeschlossen. Also suchte ich weiter nach einer Idee, wie ich die beiden Streithähne dazu bringen könnte, während meiner Anwesenheit voneinander abzulassen, auch wenn gerade Fütterungszeit war.

αα α

Plötzlich begriff ich: Meine bisherigen Erfolge in der Zusammenarbeit mit Pferden stellten nur die winzige Spitze eines riesigen Eisbergs dar. Weil ich bis jetzt immer nur mit einem einzigen Pferd arbeitete, währenddessen es selbst kaum seinen natürlichen Instinkten ausgesetzt war, waren die Fortschritte so einfach zu erreichen gewesen.

Jetzt aber trat ich als eingebildeter Alpha in die Gemeinschaft von Pferden, also in deren Hierarchie untereinander, ein. Arrogant oder einfach nur blöde erwartete ich, dass ich in dieser absolut neuen Situation für mich und die Tiere wie zuvor Fortschritte in Sachen Dominanz erringen konnte. Hah – Mann, war ich bescheuert! Meine Führerschein-Prüfung in einer Eins-zu-eins-Situation hatte ich zwar bestanden. Doch deshalb durfte ich noch lange nicht für mich in Anspruch nehmen, dass ich als Boss einer ganzen Gemeinschaft anerkannt werde, nur weil ich es erreicht hatte, mir ein Mitglied aus dieser Herde zum Untertan zu machen.

Jetzt hatte ich kapiert, was es für jedes einzelne Tier bedeutet, innerhalb einer Herde von Beutetieren zu existieren. Die Ursache für die Zickereien in den Boxen zwischen Decidée und Indigo war der Futterneid. Selbstverständlich wollte jeder von ihnen die besten Chancen zum Fressen für sich ergattern.

Seinen natürlichen Instinkten folgend, versucht jedes einzelne Tier zu überleben. Trotzdem sichern sie sich gegenseitig die Arterhaltung dadurch, indem sie sich in einer organisierten Familie zusammenschließen.

Die Pferde stehen also zeitgleich immer untereinander im Konkurrenzkampf und kümmern sich dennoch vereint um die Sicherheit ihrer Gruppe.

Also, wie war die Ausgangslage? In einer Eins-zu-eins-Situation waren Tanja und ich jeweils in der Lage, gegenüber unseren Pferden die Rolle des Chefs einzunehmen. Traten wir jedoch in ihre Welt des Herdengeschehens ein, stellte dies für uns eine völlig neue Situation dar. Im konkreten Beispiel rauften sich Indigo und Decidée um eine Handvoll Heu in der jeweils anderen Box. In diesem artgerechten Wettstreit untereinander betraten wir dann die Bühne und dachten: Hey, was ist denn mit denen los?

Ob es nun der Futterneid oder ein anderer Pferdeinstinkt war, egal. Ich hatte jetzt begriffen, dass ich mir unsere beiden Lieblinge gemeinsam zur Brust nehmen musste, um mich in einer neuen Dreier-Beziehung, nämlich innerhalb einer kleinen Herde, als Alpha zu behaupten.

Ich dachte also wieder darüber nach, welche Übung dafür in Frage käme.

ααα

Kurzerhand legte ich beiden Pferden ihre Halfter an und ging mit ihnen auf den Rundplatz. In dem Moment war ich ganz und gar davon überzeugt, dass dieses der richtige Schritt war. Ich hatte schließlich meine Erfahrungen im Rund gemacht, ich kannte die Bewegungsabläufe der Pferde und die Gefahren innerhalb dieser Manege.

Als wir zu dritt auf dem Rundplatz standen und ich das Tor von innen geschlossen hatte, war ich den fragenden Blicken dieser beiden Unschuldslämmer ausgesetzt. Ich wendete mich von ihnen ab und spazierte ruhig hin und her. Ich guckte nach draußen oder sah gelangweilt auf den Boden. Langsam begann Decidée, im Sand ebenfalls irgendwelche Witterungen aufzunehmen. Dann folgte Indigo, der sich mal wieder mehr für das Geschehen außerhalb zu interessieren schien. Es ging mir in den ersten Minuten einfach nur darum, die Situation auf uns drei im Käfig wirken zu lassen. Mehr sollte am Anfang nicht sein. Ich nutzte die Zeit, um mich auf die nächsten Schritte zu konzentrieren.

Dann ging ich zur Platzmitte, nahm die Gerte in die Hand und startete die Aktion. Ich beanspruchte das Zentrum für mich und verwies beide Pferde an den Rand des Platzes. Ein paar Runden lang ließ ich sie hintereinander hergehen; ab und zu wechselte ich ihre Richtung: mal links herum, mal rechts herum, mal stehen bleiben. Mehr sollte das am Anfang nicht sein.

Allerdings wurde mir das schnell zu langweilig und so begann ich mit dem Versuch, ein Pferd weitergehen zu lassen, während ich das andere anhielt. Klappte auch?! Gut, dachte ich mir, schalten wir noch einen Gang höher. Ein paar kurze Klicks mit der Zunge und schon trabten die beiden wie Engel hintereinander her.

Mir war das Ganze nicht geheuer. Alles ging mir viel zu einfach. Ich wollte ja das Ziel erreichen, dass die beiden in meiner Anwesenheit nicht miteinander herumzickten und jetzt marschierten die Biester wie die Ameisen hintereinander her, als hätten sie niemals etwas anderes getan. Das kann es ja wohl nicht gewesen sein.

Also, was war es, das der Übung noch fehlte? Im Stall zickten unsere Pferde miteinander, weil ein Futterneid entstanden war. Es war also ihr Instinkt, der das Gerangel zwischen den Fressmonstern auslöste. Nun wusste ich nicht, wie ich es anstellen sollte, eben solch einen Instinkt der Pferde anzusprechen, um dadurch einen Streit auslösen zu können.

Tja, dachte ich mir. Dann nimmst du selbst einfach mal das Privileg eines Alphas in Anspruch und fängst an, scheinbar ohne Grund die Herde aufzumischen. Uuuips – und schon ging das Rodeo los!

Plötzlich war Schluss mit den Schlafwandeleien. In der Mitte des Rundplatzes behielt ich meine Position. Fortan trieb ich die Biester miteinander in den Galopp, bremste eines der beiden aus, ließ sie gegeneinander im Zirkel laufen.

Während der gesamten Aktion war eines sicher: Die Pferde standen unter Strom, jedes von ihnen war in einer Auseinandersetzung mit mir und dem jeweils anderen Pferd. Sie traten gegenseitig nach sich aus, bissen sich und bedrohten auch mich.

Sie folgten anfangs sehr widerspenstig, aber dann doch immer bereitwilliger meinen Anweisungen und beendeten allmählich ihre Kampfhandlungen.

Ich muss wohl ausgesehen haben, wie ein Amok laufender Dompteur. Aber: Ich behielt meine Stellung; die Pferde taten das, was ich von ihnen verlangte und so war ich der Chef geblieben.

Ich betrachtete die Übung als solche als gelungen. Sofort als ich erkannte, dass die beiden auf meine Anweisungen ruhiger reagierten, sie begannen, sich mehr auf mich als aufeinander zu konzentrieren, beendete ich die Übung. Ich hatte erreicht, was ich wollte: In einer für die Pferde stressigen Situation, in der sie miteinander stritten, konnte ich als Alpha meine Position nicht nur behaupten, sondern schaffte es auch, dass die beiden Viecher voneinander abließen. Das war die Idee, die im Stall entstanden war und dafür hatte ich nun eine Übung gebastelt.

Heute ist es so, dass Decidée und Indigo – natürlich – immer noch ihren Fressinstinkten folgen, auch wenn Tanja und ich die Boxengasse betreten. Aber: Falls die beiden miteinander zicken und wir ihre Aufmerksamkeit fordern, bedarf es dazu nur noch einzelner Kommandos und diese beiden Süßen richten ihre Ohren wieder auf (Farbtafel VIII).

ααα

Um in Sachen Dominanz noch etwas weiterzukommen, gerade mit Indigo, beschlossen Tanja und ich, den polnischen Satan auf einem Ausritt als Handpferd mitzunehmen. Die Dreierbeziehung zwischen uns, in der ich das Leittier darstellte, sollte erneut auf die Probe gestellt werden. Wir verfolgten das Ziel, dass sich mir beide Pferde in dieser Gruppe und abseits vom Reitplatz unterwarfen. Außerdem hatten sie sich untereinander zu benehmen.

Ich war fest entschlossen, keinerlei Toleranzen zu üben, da mit dem Verlassen des sicheren Reitplatzes zu viele Gefahren auf uns lauerten.

Auch für mich stellte diese Trainingseinheit eine neue Herausforderung dar: Schließlich würde es für mich das allererste Mal überhaupt sein, dass ich mit Handpferd aufbrechen würde. Konnte es mir gelingen, ein souveräner Chef zu sein, dem die beiden Pferde nicht nur folgten, sondern auch vertrauten?

Ich sammelte meine Gedanken und erinnerte mich an frühere Lektionen, zum Beispiel, wie die Pferde mit ihrer Furcht in meinem Beisein umzugehen gelernt hatten. All diese Erfahrungen würden ihnen jetzt abverlangt werden und bildeten die Voraussetzungen für einen weiteren Erfolg. Ich war an diesem Tag ausgeschlafen und guter Laune. Im Besitz meiner mentalen und körperlichen Kräfte machte ich mir also um mich selbst keine Sorgen.

Auch was Decidée anging, war ich zuversichtlich. Obwohl auch sie dieses Manöver noch niemals zuvor absolviert hatte, vertraute ich ihrer Führungsqualität als Leitstute. Zusammen würden wir beide das schon irgendwie hinbekommen.

Blieb also nur unser gefleckter Zappelphilipp, den wir unter Kontrolle halten mussten.

Zuletzt prüfte ich das Material. Ich hatte an meinem Sattel kein Vorderzeug und konnte deshalb den Führstrick nicht an den Sattelknauf binden. Für den Fall, dass Indigo versuchen sollte, sich selbstständig zu machen, musste ich ihn entweder ganz alleine halten oder ihn laufen lassen. Ich war mir also darüber bewusst, dass ich im schlimmsten Fall nicht dazu in der Lage wäre, die Kraft von Indigo in irgendeiner Weise auszugleichen.

Der Führstrick war dick und weich, so dass ich auf Handschuhe verzichten konnte. Ich zog meine Lederschürzen über, um mich vor möglichen Zwickereien zu schützen. Okay, dachte ich, gehen wir's an! Erst auf den Reitplatz und dann nichts wie raus (Farbtafel X und XI).

Vertrauensbildende Übungen

Es ist meine Überzeugung, dass die Beziehung zwischen Mensch und Pferd auf gegenseitigem Vertrauen aufgebaut sein soll. Gerade für mich als leidenschaftlicher Wanderreiter, der mit seinem Kumpel oft mehrere Stunden oder gar Tage zusammen unterwegs ist, trägt die beiderseitige Verlässlichkeit dazu bei, die gemeinsame Zeit entspannt miteinander zu genießen.

Um ein Vertrauen aufzubauen, ist es für jede Partei unverzichtbar, über die Qualitäten ihres Partners genauestens Bescheid zu wissen.

Denn wenn sich unterwegs einer der beiden, Pferd oder Mensch, in einer beliebigen Situation die Frage stellt „Kann der das?" oder „Weiß der, was er tut?", ist es eigentlich schon zu spät. Nur schwer kann es einem Partner der Gemeinschaft dann noch gelingen, die beginnende Eskalation abzuwenden und sich der Leitung des anderen Partners zu unterwerfen.

Von einem menschlichen Alpha erwarte ich jedoch, dass er über die Fähigkeiten seines Pferdes sehr genau unterrichtet ist. Auch sein eigenes Können darf der Chef zu keiner Zeit überschätzen. Erst damit hat der Führende die Eignung, in jedem Moment für sich und das Pferd eine richtige Entscheidung zu treffen.

Ich denke, an dieser Stelle ist es wieder einmal an der Zeit, Ihnen den Spiegel vorzuhalten: Wie gut kennen Sie Ihr Pferd? Wissen Sie, ob es auf eine bestimmte Gefahr, die sich von der rechten Seite nähert, ängstlicher reagiert, als bei gleicher Gefahr von der linken Seite? Wie trittsicher ist Ihr Rösslein? Wie ist es um seinen Gesundheitszustand bestellt? Was können Sie Ihrem Tier zur Zeit abverlangen? Überfordern oder unterfordern Sie es? Ist Ihr Pferd eher neugierig oder doch träge?

Wenn Sie Chef sein wollen, müssen Sie über diese Dinge sehr genau im Bilde sein. Um diese Fragen zu beantworten, bedarf es neben einem gegebenen Gespür für das Tier sehr viel Zeit, in der Sie Ihren Partner genau kennenlernen.

Eine weitere Sache ist die, dass ich als Wanderreiter, anders als Turnierreiter, dem Grundsatz folge, dass Pferde gewisse Dinge ohne meine Hilfe können, ja können müssen. So halte ich es zum Beispiel für absolut überflüssig, meinem Pferd mitzuteilen, mit welchem Bein es loslaufen soll. Das ist mir, gelinde gesagt, völlig egal.

Andere Pferdesportler mögen diese Einstellung vielleicht meiner Faulheit oder meinem Unvermögen zurechnen; und vermutlich haben diese Menschen damit auch Recht. Aber was kümmert mich das? Jedes Pferd lernt schon als Fohlen zu gehen, zu laufen und zu springen – und das von ganz alleine! Nicht einmal die eigene Mutter des Neugeborenen unterstützt es dabei. Pferde können sich hinknien, sich wälzen oder buckeln. Sie tun das, ohne dass sie sich selbst darüber bewusst sind. All die Bewegungsabläufe sind einfach in ihrem Programm vorhanden.

Wieso soll ich als Programmdirektor in diese naturgegebenen Abläufe eingreifen? Ich sage doch einem Pferd auch nicht: „Kneif die Augen zu, die Sonne blendet dich!"

Denkpause

Da ich auf diese Frage keine vernünftige Antwort finden konnte, ließ ich das Grübeln ganz einfach sein. Damit hatte ich sehr viel mehr Zeit, den Ausritt zu genießen oder mich auf meine Aufgaben als Chef zu konzentrieren.

In dieser Haltung wurde ich bestätigt, als Tanja und ich vor einiger Zeit unseren Reiturlaub auf der Pampa Grande, einer Estancia (= Hacienda oder Ranch) in Argentinien, verbrachten. In den Bergen der Anden lernten wir eine ganze Menge von den Gauchos über den Umgang mit Pferden. Dort, weitab von jeder Stadt, jedem Dorf oder jeder noch so winzigen Ansiedlung sind die Menschen auf die Pferde tatsächlich angewiesen. Vor Jahrhunderten entwickelten die eingewanderten Europäer zusammen mit den Einheimischen im Umgang mit den Pferden Verhaltensweisen, die bis heute noch praktiziert werden. Nicht in jedem Fall konnten wir diese akzeptieren. Allerdings war es nicht von der Hand zu weisen, dass unsere argentinischen Begleiter über ein sehr großes Pferdewissen verfügten.

Auf der Hacienda wurde mit Pferden der beiden Rassen Paso Peruano und Criollo gearbeitet. Durch ihre Trittsicherheit und Wendigkeit (Stockmaße circa 150 Zentimeter) eignen sie sich hervorragend für die Arbeit mit Rindern in diesem schwierigen Gelände.

Die Gauchos bildeten die Pferde sehr gut aus. Alles, was für die Arbeit notwendig und für ein mehrstündiges Sitzen im Sattel hilfreich war, wurde ihnen beigebracht; sonstigen Schnickschnack gab es einfach nicht. Glauben Sie mir, da war keine Übung dabei, die einem Pferd beibrachte, mit welchem Bein es loszulaufen hatte. Nichts dergleichen! Bei der Arbeit mit den Rindern ist für derartige Kommandos keine Zeit und für irgendwelches Imponiergehabe hatten die Arbeiter in diesen Momenten keinen Sinn.

Nachdem Tanja und ich die 48-stündige Anreise und die Zeitverschiebung verkraftet hatten, war es für uns endlich an der Zeit, selbst in die Arbeit mit den Rindern einzusteigen. Wir durften aus einer Handvoll Pferde unsere künftigen Kollegen aussuchen. Carlos, unser Begleiter, machte uns mit den Sätteln vertraut, die so ganz anders waren, als die, die wir von zuhause kannten.

Die Aufgabe des Tages war es, Rinder aus einem riesigen Coral (= Pferch) zusammenzutreiben. Dann sollte die Herde zum Beschau eines potenziellen Käufers an eine Station geführt werden, um dort einige Tiere zu separieren: Die Machos, also die Bullen, sollten von den übrigen Rindviechern getrennt werden und die Kälber mussten ebenfalls ausgesondert werden.

Auf dem 90-minütigen Ritt von der Estancia zum Coral konnten wir uns an die Pferde gewöhnen und die Pferde sich freilich auch an uns. Ich war zunächst etwas unglücklich über die kleinen Helfer, da ich mit meiner Größe von 1,90 Meter nicht so recht wusste, wie und wo ich meine langen Beine unterbringen sollte. Doch irgendwann hatte ich meinen Sitz gefunden. Ich guckte mir von den Gauchos einfach ab, dass sie die Beine bequem nach vorne streckten. Zwar waren die Argentinier ein gehöriges Stückchen kleiner als ich, aber die Methode funktionierte auch bei mir.

Ich hatte mich für Hermoso entschieden. Er war ein etwas älterer Hengst mit reichlich Rinder-Erfahrung. Anfangs kam er mir etwas träge vor. Doch mit diesem Eindruck von ihm täuschte ich mich gewaltig! Während er mich behäbig zum Coral brachte, zeigte er dort bei der Arbeit, was in ihm steckte.

Am Pferch angekommen, trennten wir uns. Unsere siebenköpfige Treibergruppe bestand aus drei Gauchos, aus Birgit und Antonia (Mutter und Tochter aus der Schweiz) und aus Tanja und mir. Wir ritten also in großem Abstand um die Rinder, die irgendwo verteilt in der Pampa friedlich grasten. Als wir unsere Positionen eingenommen hatten, erkannte ich ein paar hundert Meter weiter, dass die Gauchos bereits begonnen hatten, die Rinder zusammenzutreiben. „Yippie“ schrie ich voller Begeisterung und Anspannung und galoppierte ebenfalls los. Ich hatte schnell kapiert, um was es ging. Manche der Rinder versuchten, aus dem äußeren Ring, den wir Treiber bildeten, auszubüchsen. Diese Ausbrecher mussten wir einfangen! Über Stock und Stein, zwischen natürlichen Gräben und Sträuchern hindurch, fegte ich mit meinem Hermoso im gestreckten Galopp den gehörnten Deserteuren hinterher. Ich versuchte ständig, mein Ziel nicht aus den Augen zu verlieren und gleichzeitig die gesamte Gruppe und das vor uns liegende Gelände im Blick zu behalten.

Als ich mich mit Hermoso dann einem speziellen Rind näherte, machte dieser Teufelskerl die Arbeit fast ohne mich. Noch kurz zuvor brauchte ich nur zu denken, was ich von ihm wollte und er reagierte sofort darauf. Jetzt aber galt es, diese blöde Kuh einzufangen und da verweigerte Hermoso einfach den Gehorsam. Und dennoch trieb der alte Haudegen mehr oder weniger im Alleingang das Rind in Sekundenschnelle zur Herde zurück.

Da es reichlich von diesen flüchtigen Biestern gab, hatte ich mehrere Chancen, um von Hermoso zu lernen: Er brachte mir bei, welche Arbeit er verrichtete und welchen Part ich nach seiner Ansicht dabei auszuführen hatte. Diese mir zugedachte Rolle gefiel mir aber überhaupt nicht, nämlich als Gast auf dem Rücken eines Hengstes eine Schau zu erleben.

Daher brachte ich mich immer häufiger wieder mit eigenen Befehlen in die Arbeit ein. Ich entwickelte die Fähigkeit, die Rinder zu lesen: Wo wollten sie hin und wie reagierten sie auf uns?

Nun hatte ich wieder das gesamte Geschehen im Auge. Aus diesem Überblick heraus entschied ich, um welchen Ausreißer wir uns zu kümmern hatten und auf welchem Weg und in welcher Geschwindigkeit wir uns ihm näherten. Hermoso machte dann die Feinarbeit. So bemerkte ich bald, dass Hermoso wieder mehr auf meine Anweisungen einging. Wir hatten also zusammengefunden und lieferten als Team eine gute Arbeit ab.

Unsere Gruppe hatte die Rinderherde zusammengetrieben. Jetzt machten wir uns auf den Weg aus dem Coral heraus zur Station. Diese Phase war sehr entspannend. Es kam mir sehr entgegen, dass wir ohne viel Gequatsche einfach unsere Arbeit taten. So hatte ich die Gelegenheit, über das Erlebte nachzudenken und einfach nur diesen Moment zu genießen.

An der Station angelangt, war wieder höchste Konzentration von uns gefordert. Um die Rinder in Gruppen zu trennen, mussten wir den gleichen Auftrag erledigen, wie bereits zwei Stunden zuvor in dem Coral. Die einzigen Unterschiede bestanden darin, dass wir nun auf engstem Raum die Herde nicht zusammen, sondern ganz gezielt auseinanderzutreiben hatten.

„Pah, diese Mistviecher“, dachte ich. Hatten sich diese Sturköpfe vorhin doch kaum zusammenbringen lassen, stellten sie sich jetzt an, voneinander abzulassen. Ein aufs andere Mal drängten sich diese Biester aneinander.

Jedenfalls lernte ich so auch diese Arbeit kennen. Erheblich schneller und präziser als draußen in der Pampa mussten jetzt hier die Bewegungsabläufe von Pferd und Reiter absolviert werden. Natürlich brachte Hermoso erneut seine ganze Erfahrung mit in die Arbeit ein, bis wir beide am Ende auch diese Aufgabe als Team beendet hatten.

Wir Aushilfstreiber sahen den Gauchos noch ein wenig zu, wie sie die Rinder wogen und dem Interessenten vorstellten. Dann ritten wir zurück zur Estancia, versorgten unsere Pferde und versanken in unseren Gedanken. Wir alle hatten ein gigantisches Erlebnis zu verarbeiten.

Ich möchte meine wichtigsten Lektionen aus diesem Tag festhalten:

Lektion 1:
Hermoso übernahm beim Einfangen der Rinder ab dem Zeitpunkt das Kommando, als ich versagte. Ich erkannte mein Defizit und ließ ihn gewähren. Ich habe diesem Hengst vertraut. Ich akzeptierte, dass er in diesem Moment die Leitung zu übernehmen hatte, um das gesteckte Ziel zu erreichen.

Lektion 2:
Da ich jedoch Willens war, auf Dauer gesehen die Arbeit selbst zu erledigen, versuchte ich, von Hermoso zu lernen. Ich wollte nämlich wieder die Leitung übernehmen. Irgendetwas musste ich also in meinem Verhalten verändern, um den Hengst wieder dazu zu bringen, mir zu vertrauen.

Lektion 3:
Ab der Sekunde, in der ich mich nicht mehr mit mir selbst beschäftigte, begann Hermoso meine Befehle wieder auszuführen. Ich konzentrierte mich nicht mehr auf meine Kommandos, auf meinen Sitz oder gar auf Hermoso. Einzig und alleine das Rind, das vor uns flüchtete, war in meinem Fokus. Meine Bewegungsabläufe im Sattel waren nicht mehr bewusst gesteuert, sondern waren Reflexe auf die Ereignisse vor mir. In diesem Zustand waren Hermoso und ich völlig gleich. Deshalb wuchsen wir zu einer Einheit zusammen, in der ich Chef sein beziehungsweise wieder werden konnte.

Weder im Coral noch auf der Station gab es einen einzigen Augenblick, in dem ich vorhatte, Hermoso mitzuteilen, mit welchem Bein er in eine bestimmte Richtung zu gehen hatte. Blitzschnelle Bewegungen waren erforderlich: Vorwärts! Links! Nochmal links! Rechts! Links! Stehen! Links! Wenden! Zurück!

Hermoso konnte all diese Bewegungsabläufe ganz ohne mich. Ich zeigte ihm lediglich die Richtung und er setzte das um. Punkt! Fertig! Aus! Schluss! (Farbtafeln XII bis XVII).

Nun aber zurück zu Ihnen!
Spielen Sie Fußball oder eine andere Ballsportart? Wenn nicht, haben Sie bestimmt schon einmal bei einer Partie zugesehen. Jedenfalls kennen Sie sich soweit aus, dass Sie gedanklich in das folgende Geschehen einsteigen können:

In Ihrer Mannschaft kümmern Sie sich um die Abwehr. Bei einem plötzlichen Konter des Gegners stürmt ein Spieler mit dem Ball dribbelnd auf Sie zu. Er will an Ihnen vorbei und greift mit einigen Täuschungsmanövern an. Während der Abstand zwischen Ihnen und dem Torjäger immer kleiner wird, schlägt dieser einen Haken nach dem anderen, um im passenden Moment an Ihnen vorbeizuziehen.

Denken Sie doch bitte einmal darüber nach, wie Sie beim Versuch, dem Stürmer den Ball abzunehmen, Ihre Bewegungsabläufe steuern.

Denkpause

Wir sind uns einig, oder? Es ist doch nicht so, dass Sie durch einen Denkprozess bewusst eine Entscheidung herbeiführen, die Ihr Großhirn anweist, dem Kleinhirn einen Auftrag zu erteilen, bestimmte Muskelgruppen Ihres Körpers zu kontrahieren, um dann im Ergebnis mit hochgezogenen Zehen des linken Fußes zuerst mit der Ferse und dann abrollend auf den Fußballen eine Seitwärtsbewegung einzuleiten, bei der

Ihr linkes Bein den notwendigen Schwung aufbaut, damit sich Ihr rechtes Bein in gestrecktem Zustand in die Richtung bewegt, in die Ihr Gegner gerade – vor einer Ewigkeit – einen Haken geschlagen hatte.

Nee, nee! Alles, was da in Ihnen passiert, ist: Auge, Kleinhirn, Aktion! Freilich, je öfter Sie so etwas üben, umso schneller und sicherer werden Sie. Der Programmablauf jedoch steckt seit Ihrer Kindheit in Ihnen. Bringen Sie also das Vertrauen in sich selbst auf. Denn Sie tragen eine ganze Menge an Möglichkeiten in sich.

Bei unseren Pferden ist dies nicht anders.
Diese Geschöpfe haben gelernt, sich auf ihren Beinen zu bewegen. Sie sind durchaus in der Lage, verschiedenste Manöver ganz ohne unsere Hilfe auszuführen. Deshalb sollten wir Vertrauen in die Fähigkeiten unserer Partner haben.

Beim Viehtrieb mit Hermoso hatte er eine Zeit lang kein Vertrauen in meine Qualitäten. Das war als er erkannte, dass er doch besser die Arbeit erledigte, ohne auf mich Rücksicht zu nehmen. Ich selbst war von mir nicht überzeugt und deshalb unsicher. In dieser Phase beschäftigte ich mich zu sehr damit, ständig neue Aufträge an mein Großhirn zu formulieren. Ich konzentrierte mich auf jedes Detail, nur nicht auf meine aktuelle Aufgabe.

Erst als ich begriff, dass ich die auf mich zu dribbelnde Torjäger-Kuh aufzuhalten hatte und das Programm Auge, Kleinhirn, Aktion in mir störungsfrei ablief, war ich in der Lage, meine Fähigkeiten zum Einsatz zu bringen. Hermoso erkannte das sofort und stellte sich wieder vertrauensvoll unter meine Leitung.

αα α

Ich denke, ich habe jetzt sehr deutlich dargestellt, dass ich es für richtig und absolut sinnvoll betrachte, auf einige Dinge in der Arbeit mit Pferden zu verzichten. Die Arbeitsabläufe von Reiter und Pferd werden schneller und der gegenseitige Vertrauensaufbau gelingt einfacher.

Kurzer Rückblick: Der ganze Quatsch mit Tralala und Hoppsasa ist doch zu einer Zeit entstanden, als die Pferde noch in den Armeen der Welt Verwendung fanden.

Standen zuvor nur die Soldaten in Reih und Glied auf dem Kasernenhof und folgten Befehlen wie „Links kehrt! Marsch!", galten später dieselben Gepflogenheiten auch für die Pferde. Die daraus entwickelten Lektionen, ursprünglich geschaffen durch den militärischen Drill, sind später in den Zirkussen einem von Kriegen beeinflussten Publikum vorgestellt worden.

In diesen Episoden der Menschheit gelangten die Armee- und Zirkuspferde zu Ruhm, indem sie für eine breite Öffentlichkeit zu Symbolen für die Stärke einer Nation wurden. Es entstand geradezu ein spezielles Pferdepublikum, das voller Begeisterung jedem neuen konstruierten Kunststückchen folgte.

Heute finden wir diese Attraktionen in nahezu allen Disziplinen, etwa in der Dressur-Reiterei oder im Pleasure des Westernreitens. Außer in ein paar einzelnen Übungen kann ich jedoch kaum einen Sinn oder Nutzen in dem für mich artungerechten Gehüpfe erkennen; genauso wenig wie in einem pink gefärbten, parfümierten Pudel, der mich an Golf spielende Manager erinnert.

Denkpause

In dieser glanzvollen Zeit menschlicher Zivilisation gab es aber nach wie vor den Bauern, den Forstarbeiter, den Postkurier oder den Bierkutscher genauso wie den Fiakerfahrer. Sie alle arbeiteten in dieser Epoche wie schon immer mit ihren Pferden zusammen und erbrachten täglich großartige Leistungen – ohne die Anerkennung kreischend jubelnder Zuschauer. Ich finde es heute einfach nur schade, dass es nicht diese Pferde und deren Chefs waren, die wir Menschen zu unseren Ikonen machten.

Denkpause

Doch kehren wir aus der Vergangenheit zurück in unsere Gegenwart und schreiben eine eigene Geschichte darüber, wie wir in der Beziehung mit unseren Pferden vorwärts kommen.

Über die Fähigkeiten von Decidée hatte ich schon einiges gelernt. Auch über die Qualität unserer Zusammenarbeit, egal ob ich zu Fuß oder im Sattel mit ihr unterwegs war, konnte ich mir inzwischen einen gefestigten Eindruck verschaffen. Decidée war intelligent und neugierig. Esel und Maultiere konnte sie überhaupt nicht ausstehen. Je mehr ich von ihr wusste, umso größer war meine Sicherheit bei der Arbeit mit ihr. Ich denke, umgekehrt war das genauso. Und mit zunehmender Sicherheit zwischen uns beiden wuchs gleichzeitig das Vertrauen zueinander. Mit der Zeit hatten wir es geschafft, unsere Partnerschaft auf ein breites Fundament zu stellen. So sollten also neue Übungen für uns beide keine Schwierigkeit mehr darstellen. Deshalb beschloss ich, Decidées Angstthemen anzupacken.

Eines davon war es, in einem Hohlweg entlangzugehen. Auch wenn im Spätsommer der Mais auf beiden Seiten des Pfades über zwei Meter hoch gewachsen war, zeigte mir meine Stute ihr Unbehagen durch Tänzeln und einen hoch erhobenen Kopf.

Ich vermutete die Ursache in Decidées Problem, dass sie nicht wie gewohnt in einem weitreichenden Blick das Gelände untersuchen konnte. Dadurch ist ein Mangel in ihrem Gefühl für Sicherheit entstanden, der sie ganz einfach nervös werden ließ.

Ich machte mir also wieder einmal Gedanken darüber, wie ich eine Übung dazu aufbauen konnte. Außerdem folgte ich meiner eigenen Denkweise, dass ich nicht in der Lage war, Decidée die Furcht zu nehmen. Es musste mir anstatt dessen gelingen, ihr beizubringen, dass sie mit ihrer eigenen Furcht besser umzugehen lernte. Ja, vielleicht konnte ich bei ihr sogar erreichen, dass sie in ihrem Zustand mehr und mehr auf mich vertraute.

Ich machte mir also zum Ziel, dass ich als wissender Mensch meinem Pferd vermitteln würde, dass es da draußen keine Jäger und Schluchten gab, vor denen sie sich innerhalb eines eingeschränkten Blickfelds zu schützen hatte.

Ich sah mich um und fand reichlich Material, um eine vergleichbare Situation auf dem Reitplatz herzustellen. Ich baute mit Stangen eine Gasse, durch die ich Decidée führen wollte. Sollte das gelingen, würde ich noch weitere Schwierigkeitsgrade einbauen.

Die blauen, roten und gelben Schwimmnudeln (so heißen die Schaumstoffstangen tatsächlich) wollte ich als farbliche Reize ebenfalls zum Einsatz bringen. Mit ihnen würde es gelingen, Decidée von ihrem suchenden Blick nach draußen abzulenken.

Im nächsten Schritt plante ich, Decidées Konzentration von den beiden aufgebauten Wänden auf etwas anderes zu lenken. Da fiel mir ein, dass es immer eine Herausforderung war, wenn wir auf unseren Wanderritten über am Boden liegende Äste und Zweige zu gehen hatten. Dieses alleine war schon eine echte Aufgabe für Decidée. Kurzerhand suchte ich mir ein paar kaputte Springstangen und bereitete mit ihnen und der Summe aller anderen Übungen eine heftig schwere Gesamtlektion vor.

Also, dachte ich, gehen wir es an. Decidée beobachtete mich aus der Fensteröffnung ihrer Box, wie ich schuftenderweise die Übungen vorbereitete. Dann hatte ich alles herbeigeschafft und aufgebaut. Ich war total zappelig und konnte es kaum erwarten, ob und wie das klappen würde (Farbtafeln XVIII bis XXI).

Die Idee, so eine Übung aufzubauen, war ein Glücksfall. Ich hatte Decidée mit so vielen Reizen gleichzeitig konfrontiert und sie folgte dennoch meinen Anweisungen. Ich hatte kaum gewagt daran zu glauben, dass sie, ganz auf sich alleine gestellt, auch noch mit ihrer Stirn die Schwimmnudeln aus dem Weg räumte. Sie vertraute mir in jeder Hinsicht. Ich wiederum durfte von ihr lernen, zu welcher enormen Leistung sie in der Lage ist. Ich war so stolz auf mein Pferd!

Natürlich übten wir einzelne Teile dieser Lektion anschließend außerhalb des Reitplatzes. Durch die Wiederholung festigte sich unser gegenseitiges Vertrauen. Klar, Decidée ist immer noch aufgeregt, wenn ihr Blickfeld eingeschränkt ist; trotzdem folgt sie meinen Anweisungen und ist inzwischen kaum noch zappelig.

Einmal, als wir von einem Ausritt auf dem Heimweg waren, erinnerte ich mich auf der Dorfstraße an diese Übungen und konnte einfach nicht widerstehen, mit Decidée etwas auszuprobieren. Sehen Sie selbst auf Farbtafel XXII und XXIII.

Es war die Idee, sich den Problemen zu stellen. Gleichgültig, ob es sich dabei um Schwierigkeiten bei mir oder bei meiner Stute handelte: Sie mussten gelöst werden. Dazu hatte ich meine Fähigkeiten ins Spiel gebracht, nämlich indem ich mir Übungen ausdachte, mit denen wir unsere Angstthemen trainieren konnten. So lernten wir beide mehr voneinander. Das war die Basis dafür, Vertrauen aufbauen zu können. Irgendwelchen Schnickschnack ließen wir einfach beiseite. So fanden wir sehr genau heraus, was man selbst und was der andere jeweils zu leisten im Stande war.

Die wichtigste Erfahrung für mich an dieser Stelle war es, dass ich nicht nur davon ausgehen durfte, dass Decidée mir vertraute. Es war vielmehr die Erkenntnis, dass ich mich auch umgekehrt auf die Fähigkeiten meiner Stute verlassen können musste.

Auf der kleinen Brücke im Dorf hatte ich überhaupt keinen Zweifel, dass Decidée diese Passage überqueren würde. Ich verschwendete auch keinen einzigen Gedanken daran, was wohl passieren würde, wenn sie auf der Brücke in Panik geraten sollte. Ich war mir einfach absolut sicher, dass mich Decidée über diesen Steg tragen würde.

Der Chef in der Rolle des Dienstleisters

Sie und ich wissen, dass mit der Anschaffung eines Pferdes eine ganze Reihe von Aufgaben auf uns zukommen: Schon bevor wir uns für den Kauf entschieden hatten, lernten wir bei Besuchen im Stall oder vielleicht als Reitbeteiligung die unterschiedlichen Verpflichtungen kennen. So waren wir dann beim Kauf bereit, die Verantwortung für unser Tier alleine zu übernehmen. In unserer Vorstellung gab es kein Problem damit, das Pferd zu putzen und zu füttern, die Stallbox zu misten, in regelmäßigen Abständen den Hufschmied zu rufen und im Fall der Fälle unseren Liebling gesund zu pflegen. Wir übernahmen all diese Ämter mit dem Bewusstsein, dass wir als künftige Besitzer dafür zuständig sein würden. Sicherlich fallen Ihnen in diesem Zusammenhang noch einige Beispiele mehr dazu ein.

Wenn wir den Erwerb eines Pferdes mit der Anschaffung eines Autos vergleichen, stellen wir viele Parallelen fest. Unseren fahrbaren Untersatz putzen und tanken wir, wir fegen die Garage, tauschen zu gegebener Zeit die Sommerreifen mit den wintertauglichen und im Fall der Fälle sorgen wir für eine notwendige Reparatur.

Diese Gegenüberstellung beschreibt jedoch lediglich diejenigen Aufgaben, die notwendig sind, um (naja, sagen wir es einmal so) die Betriebsbereitschaft unseres Pferds oder unseres Wagens aufrechtzuerhalten.

Sie wissen, was jetzt kommt!
Ich freue mich wirklich sehr darüber, dass Sie inzwischen selbst den Spiegel zur Hand genommen haben. Und: Was erkennen Sie? Stellen Sie fest, dass Sie Pferd und Auto unterschiedlich behandeln? Was machen Sie mit Ihrem Tier anders?

Wenn Sie jetzt (nur) daran denken, wie Sie hin und wieder Ihren Sattel einfetten oder nach jedem Ritt die Trense säubern oder aber wie Sie die Mähne Ihres Pferdes hübsch zusammenflechten können, sind Sie und ich ab sofort geschiedene Leute! Nein? Das war es nicht, woran Sie gerade dachten?

Freilich: Pferde sind Lebewesen und besitzen deshalb ein Ich. Auf dieses Ich stellen wir uns ein und darum sind unsere Aktivitäten für und mit dem Tier sehr viel umfangreicher und aufwändiger, als die Wartungsarbeiten an unserer leblosen Karre.

Ich will mit Ihnen nicht darüber philosophieren, wie weit das Verständnis des Ich zu interpretieren ist. Für mich jedenfalls steht fest, dass es da ist. Jedes Pferd hat seine ganz eigene Individualität. Pferde sind mal neugierig, mal träge, mal ängstlich, mal fordernd, an einigen Tagen sind sie bockig und an anderen wieder arbeitswillig. Diese Eigenschaften stecken in jedem Pferd und doch sind alle Pferde so unterschiedlich, so unverwechselbar.

Wir haben bereits gelernt, wie wir darauf reagieren können, wenn zum Beispiel in der Boxengasse eine geheimnisvolle, vermutlich außerirdische Macht unsere Lieblinge innerhalb einer einzigen Sekunde in tollpatschige Monster verwandelt. Mittels einer angemessenen Grobheit unsererseits bringen wir die Pferde schnell wieder zurück in unsere kleine, überschaubare Welt im Stall. Mit viel Erfahrung gelingt es uns dann ganz allmählich, diese vermeintlichen Strahlen aus dem Weltall schon vor ihrem Eintreffen von unseren Tieren abzuwenden.

In diesen Momenten leisten wir bereits einen Dienst als Chef in unserer Beziehung zum Pferd. Durch unsere Aufmerksamkeit verhindern wir eine Situation, die für Pferd und Mensch unangenehm werden könnte.

Es ist dieses Gespür für die rechtzeitige und angemessene Handlung, die uns zur Führung qualifiziert.

Es ist die Tatsache, dass wir die Handlung durchführen, mit der wir uns das Vertrauen unser Pferde erwerben.

Doch da ist noch mehr, was uns als dienstleistendem Alpha abverlangt wird.

Ich finde, unsere Pferde haben einen Anspruch darauf, dass wir bei der Arbeit mit ihnen ihre Neigungen berücksichtigen.

Wie gehen wir als Dienstleister also zum Beispiel mit der Neugierde unserer Tiere um?

Mit Decidée habe ich die Erfahrung gemacht, dass ihre Neugierde für jede Übung und für jede Arbeit förderlich ist. Es ist allerdings auch eine Tatsache, dass sich Decidées Neugierde schnell in eine Furcht wandeln kann. Ich führe das darauf zurück, dass der Überlebenstrieb der Fluchttiere zu einem allgegenwärtigen Interesse führt: Was geschieht in dem Umfeld der Tiere und wie verhält sich der Boss?

Wenn wir es mit den Begriffen genau nehmen, bedeuten Neugierde und Interesse aus der Sicht der Pferde ein und dasselbe: nämlich die überlebensnotwendige Vorsicht vor allem und jedem.

In unserem menschlichen Verständnis dagegen belegen wir die beiden Begriffe ganz anders. Denken wir dabei doch einmal an naseweise Kinder. Alles, was sie in ihre Hände bekommen können, fassen sie an. Die kleinen Forscher wollen beschäftigt sein. In ihren Entdeckungsreisen sind sie gänzlich ohne Furcht unterwegs, so dass uns Erwachsenen dabei manchmal die Spucke wegbleibt.

Die Erkenntnis, dass bei Pferden in ihrer Neugierde immer der Überlebensinstinkt eine wichtige Rolle spielt, berücksichtigte ich beim Aufbau der Beziehung zu Decidée.

Wäre es möglich, dass sich mein Verhalten auf die Neugierde meiner Stute auswirkte?

Ich prüfte in jeder Übung, welche Signale von mir ausgingen. War ich vielleicht selbst angespannt, weil ich einen zu großen Respekt vor der nächsten Aufgabe hatte? War ich unsicher, ob Decidée mit mir den vor uns liegenden Weg gehen würde? Und tatsächlich erkannte ich hin und wieder in mir eine Unruhe. Genau in diesen Phasen klappte dann manches Mal so gut wie gar nichts mehr. Weil ich wusste, dass ich meinen Gemütszustand zwangsläufig auf Decidée übertragen würde und ich möglicherweise damit verursachte, dass sich ihr Interesse in Furcht umwandelte, musste ich – mal wieder – in meinem Verhalten etwas ändern.

In vielen kleinen Schritten stellte ich uns Aufgaben, die für mich als Pferdeneuling überschaubar waren. Ständige Wiederholungen förderten mein eigenes Selbstbewusstsein. Durch nichts ließ ich mich unter Druck setzen, auch dann nicht, wenn Tanja mal wieder drängte: „Lass uns doch mal wieder einen längeren Ausritt machen“. Nein, ich probierte lieber zusammen mit Decidée auf dem Platz in vielen kleinen Trainingseinheiten.

Genau in dieser Phase entstand in mir die Idee, Decidée vor jeder Lektion die Zeit zu geben, sie in Ruhe eine neue Übung, einen neuen Parcours inspizieren zu lassen: Ich beschloss, dass wir uns beide auf die vor uns liegenden Aufgaben einstellen konnten. Also gingen wir zu Beginn unserer Arbeit auf dem Platz ein paar Schritte auf und ab. Ich bemerkte, wie sich mein Pferd für die Veränderungen auf dem Trainingsgelände interessierte. Manchmal reagierte sie dabei eher scheu auf die Aufbauten, die ich für uns errichtet hatte. Nur schwer gelang es mir dann, Decidée in die Nähe der Hindernisse zu führen.

An anderen Tagen hingegen schien es so, als würde dieses ignorante Luder meine kreativen Kunstwerke überhaupt nicht begutachten wollen. Und dann wiederum gab es Momente, wo sie fast von alleine auf die merkwürdigen Objekte zuhielt, um diese zu entdecken. Ab und zu stupste Decidée ein Hindernis völlig respektlos (also ohne Furcht) mit ihrer Nase, gerade so, als wolle sie prüfen, ob ich als Architekt dieser sinnlosen Konstruktion im Stande gewesen war, wenigstens handwerklich eine stabile und sichere Arbeit abzuliefern.

Ganz unabhängig der jeweiligen Tagesziele lernte ich von Decidée in der Summe meiner Beobachtungen die individuellen Versionen ihrer Neugierde kennen. War sie spielerisch neugierig, ließ ich sie gewähren. Ich gab uns beiden die Zeit, bis sie sich selbst dazu entschieden hatte, jetzt arbeiten zu wollen.

Wenn sie ängstlich war, reagierte ich zwar fordernd, aber geduldig. Es war mir an diesen Tagen wichtig, dass Decidée lernte, mir zu vertrauen.

An Tagen ihrer Ignoranz verkürzte ich die Eingewöhnungsphase, so dass wir recht schnell mit der eigentlichen Lektion starten konnten.

Damit begann für Decidée und mich eine neue Phase unserer Beziehung. Wieder einmal lernten wir uns gegenseitig besser kennen und das war wohl der Grund dafür, dass mir meine Stute wieder ein Stückchen mehr vertraute.

Das neu erworbene Vertrauen von Decidée in mich nutzte ich, um mit ihrer Neugierde zu spielen. Ich hatte die verrücktesten Ideen, um ihr Interesse zu wecken. Meine Einfälle konnten noch so blöd sein, meine Stute machte jeden Quatsch mit.

Ich spürte ein weiteres Mal den mächtigen Klick in meinem Oberstübchen.

War es denn möglich, dass Pferde einen Sinn für Unterhaltung haben?

Wenn es mir gelänge, den Beweis dafür zu führen, würde sich daraus in meinem Bewusstsein sofort und zwangsläufig ein völlig neues Verständnis gegenüber Pferden ergeben. Dann wäre es doch so, dass die Neugierde, das Interesse von Pferden nicht ausschließlich durch ihre Beutetier-Instinkte ausgelöst werden würden, vielmehr hätten diese Tiere ein Bedürfnis nach Abwechslung, ja, eben nach Unterhaltung.

Und wenn das der Fall wäre, würde sich dann nicht gleichzeitig meine Verantwortung gegenüber meiner Stute dahingehend verändern, so dass ich auch für dieses Verlangen zuständig wäre: tja, eben als Dienstleister?

„Meine Güte“, dachte ich. Wieder einmal schossen blitzartig Bilder aus dem Stall in meinen Kopf: Wieso drehten sich die Pferde in den Stallboxen zur Fensteröffnung, wenn sich da draußen etwas abspielte? Und warum verfolgten sie dann stundenlang das Geschehen, das sich ihnen bot? In diesen Momenten gab es doch für die Pferde überhaupt keinen Anlass, eine Neugierde auf der Basis eines Fluchtgedankens zu entwickeln; sie standen mit anderen Kollegen aus der Herde im sicheren Stall. Nein, alles, was die Pferde wollten, war Unterhaltung!

Damit war meine – möglicherweise falsche – Ansicht auf den Prüfstein gestellt.

Da ich ein großer Kindskopf bin, kamen mir immer wieder Ideen, wie ich Decidée unterhalten, aber gleichzeitig auf die Vertrauensprobe stellen wollte. Eine ganze Reihe an Möglichkeiten fiel mir dazu ein.

Nein, ich bitte Sie! Ich bin überhaupt nicht davon überzeugt, dass meine Stute zu einem ähnlichen Verständnis gegenüber meinen Späßen fähig ist, wie ich es bin. Wir alle haben noch keinen Gaul lachen gehört, außer vielleicht *Lucky Lukes* treuen Gefährten *Jolly Jumper* oder den *Kleinen Onkel* von *Pippi Langstrumpf*.

Aber für mich war eine völlig neue Gewissheit dafür erbracht, dass Decidée ein Bedürfnis an Zeitvertreib verspürt, welches sie mit ihrer Neugierde zum Ausdruck bringt. Also stellte ich diese Idee auf die Probe.

Aber: Bitte seien Sie vorsichtig. Denn ich stelle Ihnen mit den Fotos auf den Farbtafeln XXIV bis XXVII ein paar Beispiele vor, von denen einige nicht zur Nachahmung geeignet sind. Diese Szenen sind spontan entstanden, als ich ein bedingungsloses Vertrauen in meine Stute aufgebaut hatte, das auf individuelle

Erfahrungen mit ihr gestützt war. Trotzdem sind die Übungen nicht ungefährlich. Sie sind eher der Beleg dafür, was für ein Quatschkopf ich sein kann.

Für mich war nach meinen Beobachtungen im Stall und den Erfahrungen mit Decidée der Beweis dafür erbracht, dass Pferde gerne unterhalten werden wollen. Es war für mich auch klar, dass die Neugierde der Pferde von ihrer Tagesform abhängig ist. Ich wollte also ab sofort auf die Verfassung von Decidée Rücksicht nehmen.

Nein – nicht das, was Sie vielleicht gerade vermuten.
Als Chef entschied immer noch ich jeden Tag und jede Minute, welche Aufgabe oder welche Arbeit gerade von uns zu verrichten war. Diese Entscheidung ließ ich mir auch nicht nehmen. Ich lernte lediglich, mich auf den Gemütszustand von Decidée einzustellen und dementsprechend fordernder oder geduldiger damit umzugehen.

Was ich verinnerlicht hatte, war, dass ich als Besitzer und Chef meiner Stute eine Verpflichtung dafür einging, dass sich mein Pferd bei mir wohlfühlte.

Wie selbstverständlich nahm ich für mich als Zweibeiner in Anspruch, dass mein Pferd für mich arbeitete. Mit diesem neuen Bewusstsein fühlte ich mich ab sofort auch gleichzeitig dafür zuständig, dass ich nicht zuletzt auch für Decidées Bedürfnis nach Abwechslung, nach Unterhaltung, ja, für ihr Wohlbefinden zu sorgen hatte und zwar jede einzelne Sekunde in unserer Zweisamkeit.

ααα

Da ich keinem Turniersport nachging, wo ich in einem Wettbewerb irgendwelchen Menschen irgendwelche Dinge beweisen musste, war mir das Privileg gegeben, die Dinge so zu gestalten, wie ich es für richtig hielt. Ich hatte keinen durch Preiskämpfe verursachten Termindruck, von dem ich abhängig machen musste, wann ich mit Decidée eine vorgegebene Übung zu einer ebenfalls vorgegebenen, fremdbestimmten Zufriedenheit abzuliefern hatte. Nein, ich allein war es, der jederzeit für mich und meine Stute entscheiden konnte und auch musste, ob nun Zeit für Spiel, Unterhaltung oder Arbeit war.

Ich wollte eben nicht wie der Chef sein, der immer nur dann in das Büro der Mitarbeiter donnert, wenn verschiedene Aufgaben kontrolliert werden sollen. Nein: Ich wollte die Führungskraft sein, die mal beim Kaffee am Frühstückstisch oder bei der Stulle am Mittag auch mal über ungeschäftliche Dinge mit den Kollegen plaudert.

Ich hatte doch ganz andere Ziele, als die Olympia-Teilnehmer aus unserem Lande.

Sicher, die können reiten, die können sich auf jedes neue Pferd in kürzester Zeit einstellen und damit Gold-Medaillen gewinnen, die sind vielleicht auch mal richtig dominant. Ja, die können eine ganze Menge mehr als ich und ich respektiere diese Leistung, wenn auch nicht immer die Methoden.

Es ist ja schon ein Fakt, dass ich ungefähr drei Meter vor jedem Hindernis den Sattel unsanft verlassen und im Staub liegen würde, wenn ich mich überhaupt traute, mit Decidée einen Springparcours zu reiten.

Aber: In meinem Leben stellt sich die Situation ganz anders dar. Ich reite immer das gleiche Pferd. Ich bin unter Umständen mehrere Tage in einem unbekannten Gelände unterwegs, das so gar nicht vergleichbar ist mit den Turnierplätzen dieser Welt: Da flüchten Bambis mit ihren Kitzen aus dem hoch gewachsenen Gras auf unseren Weg. Fasane und anderes am Boden lebende Federvieh bricht wild flatternd aus den Büschen.

Feldhasen jagen über den Pfad und in den Dörfern bellen Hunde aus den Vorgärten der Häuser. Kein Tag gleicht dem anderen. Tiefe Maulwurfslöcher tauchen plötzlich in vollem Galopp vor uns auf. Auf jeder Strecke warten neue Überraschungen auf uns. Jede Nacht wird in einem anderen Quartier verbracht. Für mein Pferd bedeutet dieses Leben, dass buchstäblich an jeder Ecke pferdefressende Monster lauern können.

Genau jetzt kommen wir Hobby-Reiter ins Spiel.
Sind Sie mit mir darin einig, dass Menschen und Tiere immer dann die beste Leistung erbringen, wenn sie sich wohlfühlen? Ich denke, darin stimmen Sie mir zu.

Wohlfühlen bedeutet aber nicht nur, dass die körperliche Verfassung in Ordnung ist. Zum Wohlfühlen gehört es eben auch, dass die Bedürfnisse des Wesens regelmäßig befriedigt werden. Denken Sie jetzt bitte an das Beispiel mit den freudig glänzenden Augen der Kinder. Ich stelle Ihnen die Frage: Wie soll ein Pferd sein Naturell ausleben können, wenn es in unseren Breiten zwangsbeheimatet wurde?

Da draußen in der Wildnis haben die Pferde ihr spezielles Wesen entwickelt. Den Launen der Natur ausgesetzt haben sie gelernt, zu überleben. Dort entfalteten sich ihre Instinkte und Fähigkeiten. Aus dieser prachtvollen Palette an Möglichkeiten wird den Pferden hingegen nur wenig abverlangt, wenn wir sie auf unseren Koppeln und in Boxen einsperren.

Für unsere Pferde bedeutet das: Jeden Tag dieselben Kollegen, dieselben Gerüche und Geräusche. Um das Fressen müssen sie nicht mehr streiten, es wird vielmehr pünktlich und immer mit demselben Geschmack serviert. Sie glotzen täglich in die so bekannte, so langweilige Kulisse, die sich ihnen nur im Takt der Jahreszeiten wechselnd präsentiert.

Ich rufe Ihnen zu:
Durchbrechen Sie diesen eintönigen Alltag Ihres Pferdes! Geben Sie Ihrem Tier die Chance, Ängste zu haben, Vertrauen aufzubauen, Rangeleien zu erleben und vor allem, bedienen Sie die Neugierde Ihres Pferdes!

Ihr Pferd braucht Ihre Unterstützung, um seine in ihm steckenden Fähigkeiten zu erleben. Tun Sie etwas für den Glanz in den Augen Ihres Lieblings!

Seien Sie erfinderisch. Bringen Sie Ihre ganz eigenen Ideen mit auf den Hof und konfrontieren Sie Ihr Pferd damit. Entschuldigen Sie bitte meine Deutlichkeit: Scheren Sie sich dabei einen Dreck um das Geschwätz der anderen. Seien Sie in jeder Sekunde auch Chef der Lage – sich selbst gegenüber, den dumm gaffenden Stauverursachern gegenüber, die Sie davon abhalten, in der Beziehung mit Ihrem Tier vorwärtszukommen, aber vor allen Dingen Ihrem Pferd gegenüber! Leisten Sie ihm diesen Dienst und ich verspreche Ihnen, Ihr Pferd wird es Ihnen auf seine ganze eigene Weise danken. Vor allem aber: Freuen Sie sich auf dieses einzigartige Erlebnis!

ααα

Ich möchte die Begriffe Dienstleister und Wohlbefinden noch in einem anderen Zusammenhang ansprechen: Es geht mir um die Gesundheit unserer Pferde.

Als ich mit Decidée im Frühjahr 2005 erstmals in meinem Leben für ein Tier die Verantwortung übernahm, wusste ich gar nichts: Ich hatte keine Vorstellung davon, welche gesundheitlichen Probleme Pferde haben können, wie die Tiere diese zeigen und welche Behandlungsmöglichkeiten anzuwenden waren. Von gar nichts hatte ich im Entferntesten eine Ahnung.

Allmählich sammelte ich durch die Ratschläge meiner Frau und der Freunde im Stall ein kleines fachliches Wissen an. Alles in allem kam ich damit über die Runden. Natürlich gab es im Stall immer mal wieder Situationen, in denen mit der Hausapotheke nicht mehr auszukommen war, dann wurde der Tierarzt bestellt. So bildete sich in meinem Verständnis eine klare Grenze.

Auf der einen Seite standen die Behandlungen kleinerer Verletzungen durch uns Pferdebesitzer, auf der anderen Seite lag die medizinische Betreuung durch das Fachpersonal.

Während meiner Beobachtungen stellte ich fest, dass der Aufwand für die Versorgung der Beschwerden nach meiner Vorstellung häufig viel zu groß war. Meiner Überzeugung nach wurden die Pferde in zahlreichen Fällen zu sehr in Watte gepackt und zu oft mit diesen und jenen Mittelchen therapiert. Auf jeden noch so winzigen Kratzer wurden blaue und andersfarbige Flüssigkeiten aufgesprüht, die Nahrung wurde für die Dauer einer Verletzung umgestellt. Selbst manche Tierärzte gingen mit Spritzen, Tabletten und Wundverbänden sehr großzügig um.

„Ja, ja", dachte ich bei mir, „haben die zweibeinigen Geschöpfe der Weisheit wieder einmal nichts Besseres zu tun, als ein Vermögen in kleine Wehwehchen zu investieren und neunmalklug ihre schamanischen Erkenntnisse einander unter Beweis zu stellen und ihre Tiere damit überzuversorgen".

Ich vermute, dass viele von uns Menschen eine große Unsicherheit gegenüber unseren Pferden verspüren. Uns Laien ist es nicht möglich, in unsere Pferde hineinzuhorchen, um ihren tatsächlichen Gesundheitszustand zu überprüfen. Manche von uns reagieren auf dieses fehlende Vermögen mit einer Überbehandlung der Pferde, die sich nach meiner Überzeugung eher schädlich auswirkt, vor allen Dingen, wenn das zur Gewohnheit wird.

Wenn zum Beispiel ein Pferd in der Box zwei, drei Mal abhustet, öffnet man sofort die Hausapotheke, um irgendwelche Mittelchen zu verabreichen. Aus lauter Angst, dass sich da eine schlimme Lungenentzündung anbahnen könnte, werden unter den Laien die tollkühnsten Diagnosen gestellt und entsprechend behandelt. Leider haben die Besitzer nicht mitbekommen, dass ein paar Minuten zuvor der Nachbar im Stall seine Box gemistet und anschließend neu eingestreut hatte. Dabei entstand eine Staubwolke, die alleinige Ursache für das Abhusten der Pferde gewesen war.

Nein! Ich rufe Ihnen zu: Seien Sie entspannt! Denn Sie sind durchaus in der Lage zu erkennen, wenn sich Ihr Pferd ernsthaft verletzt hat oder sich eine Kolik anbahnt, wo Sie dann Unterstützung brauchen. Vieles andere, wie kleine Abschürfungen im Fell, eine leichte Augenentzündung, sollten Sie nicht immer gleich behandeln. Beobachten Sie Ihr Pferd genau und vertrauen zunächst einmal auf die Selbstheilungskräfte der Tiere.

Erst wenn tatsächlich bald keine Besserung in Sicht ist, dann sollten Sie, gegebenenfalls unter fachlichem Beistand, eine Versorgung einleiten.

Ich denke, wir Laien können ganz andere Dinge für unsere Pferde tun, als sie zu sehr therapieren. Da gibt es unzählige Aufgaben, die in unserem Selbstverständnis verankert sein sollten. Leider sehe ich davon in unserem Umfeld viel zu wenig davon. Die einfachsten Regeln werden ständig missachtet und dabei geht es doch nur um ein einziges Thema:

Versetzen Sie sich in die Lage Ihres Pferdes und Sie erkennen, was zu tun ist!

Denkpause

Sie können nach dem Putzen mit Ihren Händen die Beine Ihres Pferdes untersuchen, ob sich dort irgendetwas auffällig verändert. Sie können die Satteldecke jedes Mal vor dem Auflegen sorgfältig ausklopfen, um zu vermeiden, dass sich Schmutz zwischen Decke und Pferd einnistet. Sie können den Schweif jeden Tag einmal hochheben, um zu prüfen, ob sich am Hintern Ihres Pferdes fette Krusten angesammelt haben. Gerade auch bei rossigen Stuten können Sie diese Plagegeister entfernen. Sie können alle paar Wochen feststellen, ob der Sattel noch passt. Verhindern Sie doch einfach mit den Ihnen gegebenen Möglichkeiten, dass sich am Gesundheitszustand Ihres Pferdes etwas zum Schlechten verändert. Seien Sie aufmerksam. Hat Ihr Pferd ein Überbein oder Mauke? Sind am Rücken Hautreizungen oder kleine Ausschläge? Ist die Unterseite der Rübe wund? Oder behandeln Sie bereits einen Satteldruck?

Wie würde es Ihnen gefallen, wenn Ihnen auf einer längeren Wanderung Wasserblasen an Ihren Füßen platzen? Oder wie reagieren Sie, wenn Ihrem Kind der Popo in der Windel juckt?

Es gibt so unendlich viele kleine Gefälligkeiten, die Sie Ihrem Pferd jeden Tag aufs Neue erweisen können. Alles, was Sie dafür brauchen, ist ein gesundes Einfühlungsvermögen in das Dasein Ihres Pferdes. Leisten Sie diesen Dienst und fühlen Sie sich zuständig. Tragen Sie dazu bei, dass sich Ihr Tier körperlich wohlfühlt. Wir wissen ja: Ausgeglichene, gesunde Pferde arbeiten gerne.

ααα

Im Sommer 2005, kurz nach dem ich mir Decidée anschaffte, überraschte mich Tanja damit, dass sie die Ausbildung zur Pferdeosteopathin antreten wolle. Sie können sich vielleicht vorstellen, welches enorme Grummeln ich sofort in meiner

Magengegend verspürte. Ich war richtig enttäuscht darüber, dass sich nun auch meine Frau irgendwelchen neumodischen Methoden hinzugeben bereit war; wir waren uns doch sonst immer über jede Angelegenheit bezüglich unserer Pferde einig.

Ich sah regelrecht auf mich zukommen, wie sich Tanja durch diesen Firlefanz in das Lager der Quacksalber schlagen würde und dass ich mit meiner Denkweise damit dann alleine dastehen würde. Der Frust in mir saß tief, aber es war Tanjas Entscheidung. Und es war meine Aufgabe, sie darin zu unterstützen.

Im Verlauf ihres zweijährigen Studiums gab es für Tanja reichlich Gelegenheit, um ihre frisch erlernten Kenntnisse mit unseren eigenen Pferden auszuprobieren. Murrend akzeptierte ich dabei, dass Tanjas Behandlungen auf dem Hof nicht unbeachtet blieben. So ergaben sich daraus neue, ach so akademische Gespräche zwischen meiner Frau und unseren Reitfreunden.

Dann passierte das Schlimmste: Tanja bekam schon vor dem Abschluss ihrer Ausbildung Behandlungsaufträge von den Einstellern bei uns im Stall. Damit war für mich entschieden, dass ich verloren hatte. Fortan würden die Gespräche zwischen Tanja und mir nur noch die manuellen Techniken der Osteopathie beinhalten.

Es war allerdings auch so, dass ich ab und zu von Tanja zu den Behandlungen hinzugebeten wurde. Es war manchmal notwendig, die zu untersuchenden Pferde am Strick festzuhalten, während die armen Viecher von meiner Frau regelrecht verbogen wurden.

Nur, warum ließen die Pferde dies zu? Meine Aufgabe als Festhalter war nicht sehr anstrengend. Denn zu keiner Zeit unternahmen die Tiere einen ernsthaften Versuch, sich der Behandlung zu entziehen.

Ich konnte es kaum fassen, dass die Patienten immer ruhiger wurden, je mehr Tanja an ihnen drehte, schraubte und piekste. Gut, erklärte ich mir selbst, das liege wohl daran, dass Tanjas Eingriffe von den Pferden eher wie angenehme Massagen empfunden wurden, die sie gerne über sich ergehen ließen.

Es dauerte sehr lange, bis mein innerer Widerstand einer aufkommenden Neugierde wich. Tatsächlich ertappte ich mich immer häufiger dabei, Tanja verschiedene Fragen über ihre Aufträge zu stellen. Ich nahm mir die Zeit, sie bei ihrer Arbeit zu beobachten. Ich konnte kaum fassen, dass das alles sehr viel mehr umfasste, als ich anfangs bereit war, zuzugeben.

Tanja behandelte Pferde, die seit längerer Zeit Auffälligkeiten zeigten. Ihr gelang es, Ursachen für die Beschwerden zu lokalisieren und erfolgreich zu therapieren. Die Akzeptanz und die Begeisterung der Pferdebesitzer sprachen eine deutliche Sprache, der ich nichts entgegenzusetzen hatte.

Ich begriff plötzlich, dass Tanja in all der Zeit nichts anderes tat, als das, was wir beide früher auch schon für richtig hielten: Sie wählte den Weg, die Pferde sich selbst heilen zu lassen. Wo es irgendwie möglich war, verzichtete sie auf Medizin. Das war es doch, was unseren Weg ausmachte! Da war kein Graben zwischen Tanja und mir entstanden. Genau das Gegenteil war der Fall: Ich war mächtig stolz auf meine kleine Frau, die so Großes mit den Pferden geleistet hatte.

Durch meinen Lernprozess, die Osteopathie als Behandlungsmethode anzuerkennen, entstand aber noch mehr in meiner kleinen Denkweise.

Ich erkannte, dass zwischen den beiden Lagern, nämlich den medizinischen Laien und den akademisch ausgebildeten Fachleuten, Raum war für eine weitere Gruppe. In diesem dritten Block sah ich nicht etwa die Osteopathen. Nein, die zählte ich zusammen mit den Ärzten zu den Spezialisten.

In dieser neuen Clique sah ich Leute wie mich, die bereit dazu waren, aus der Osteopathie einige handwerkliche Fähigkeiten für sich selbst zu erwerben und sich mit diesen Kenntnissen ein klein wenig von der Gruppe der allwissenden Laien abzugrenzen.

Ich habe von Tanja gelernt, dass sich gesundheitliche Probleme unserer Pferde sehr häufig ankündigen. Die Auffälligkeiten äußern sich in aller Regel durch mechanische Einschränkungen, ganz gleichgültig, ob zum Beispiel die Organe oder die Gelenke dafür die Anlässe sind. Die Osteopathie lehrt manuelle Techniken, um die Ursachen zu behandeln. Die Osteopathen, zumindest diejenigen mit einem guten Ruf, zeigen den Besitzern, wie sie selbst ihre Pferde behandeln können.

Da diese Praktiken ohne den Einsatz von Skalpell, Spritze und anderen Werkzeugen angewandt werden, kann sie jeder Mensch erlernen. Sicher, mit der Fähigkeit zu drücken, zu biegen oder zu pieksen erlangen wir nicht das Fachwissen, um eine Diagnose zu stellen; dazu brauchen wir die Spezialisten! Aber mit der Anweisung des Osteopathen, die genau auf unser Pferd abgestimmt ist, sind wir durchaus in der Lage, unser Tier in einem eingeschränkten Umfang selbst zu behandeln.

Ein paar Seiten zuvor habe ich Ihnen davon erzählt, dass es mir wichtig ist, dass unsere Pferde die Gelegenheit bekommen müssen, ihre Instinkte und geistigen Fähigkeiten ausleben zu können.

Jetzt möchte ich darauf hinweisen, dass es mit den körperlichen Fähigkeiten nicht anders ist. Pferde sind Fluchttiere und als solche bedienen sie sich in der freien Wildbahn eines immensen Bewegungsapparates.

Wenn wir die Pferde bei uns in Ställen und auf Koppeln unterbringen, wird das, was in ihnen steckt, jedoch kaum noch bedient. Ganz unabhängig davon, ob wir nun Spring- oder Dressurreiter, Western-, Wanderreiter oder sonst etwas sind. Für die meisten unter uns Pferdefreunden gilt, dass wir allenfalls ein paar Stunden in der Woche mit unseren Tieren zusammen sind. Den Rest der Zeit sind die Pferde in einem geschützten Umfeld sich selbst überlassen und dort wird von ihren physischen Fähigkeiten kaum noch etwas abverlangt.

So kann es dann vorkommen, dass sich in der Gesundheit der Pferde unterschiedlichste Probleme ankündigen, die in vielen Fällen durch einen Bewegungsmangel hervorgerufen werden. Ein schwach ausgebildeter Muskelbau oder ein Stau von Körperflüssigkeiten sind dann mögliche Reaktionen auf die fehlende Aktivität der Tiere. Diese frühen Auswirkungen, die wir meistens alleine gar nicht feststellen können, sind dann wiederum Ursache für größere Schwierigkeiten.

Es entstehen Haltungsschäden der Pferde, woraus sich dann weitere Krankheiten entwickeln können.

Da es in unserem menschlichen Interesse liegt, dass es den Pferden gut geht, ist es unsere Aufgabe, eine Lebendigkeit und damit eine Lebensfreude für unsere Tiere zu gewährleisten.

Viele von uns Menschen erwerben Tiere, die schon auf eine erfüllte Vergangenheit zurückblicken: ausgemusterte Turnierpferde, vernachlässigte Tiere oder ganz einfach auch betagte Wesen. In der Regel bringen diese Gefährten hier und da eine Beschwerde mit in unseren Alltag. Häufig wissen wir vor dem Kauf trotz Ankaufsuntersuchung nicht, wie es genau um den Gesundheitszustand unseres neuen Freundes bestellt ist.

Einigen unter uns Tierfreunden ist es gegeben, dass wir in einer langjährigen Beziehung mit unseren Pferden beobachten, dass der Schwung und die Energie der Tiere allmählich nachlassen. Vielleicht zeigen sich frühere Verletzungen der Pferde im Alter auf einmal wieder.

Als Farina zur Pflege zu Tanja kam, war die Stute anfällig für Koliken; in ihrem Fall waren das Verstopfungskoliken. Der Tierarzt vermutete Probleme im Dick- und Blinddarm von Farina und ordnete die Fütterung von Mash an. Da die alte Dame einfach zu wenig Wasser aufnahm, sollte dieser feucht angerührte Brei der inneren Austrocknung entgegenwirken. Die Rezeptur, die wir ihr regelmäßig verabreichten, funktionierte.

Inzwischen lernte Tanja durch ihre Ausbildung neue Behandlungsmethoden. Regelmäßig therapierte sie Farina im Bereich des Blinddarms, worauf die Stute immer mit einem entspannenden Äppeln reagierte. Nach dem Durchkneten und der prompt erfolgten Erleichterung schossen Farina neue Lebensgeister in die Glieder. Tanja betrachtete die Hinterlassenschaften der Stute immer ganz genau. Wenn sie dunkel und trocken waren, war es allerhöchste Zeit, der alten Dame Flüssigkeiten zuzuführen.

Auf diese Weise gelang es Tanja, Farinas Schicksal noch eine lange Zeit aufzuschieben. Es war der Stute vorbestimmt, schließlich doch an Kolik zu sterben. Unsere großartige Dame, von der wir soviel lernten, suchte sich dafür eine Zeit aus, in der wir beide nicht bei ihr sein konnten. Trotz aller Vorwürfe, die wir uns machten, sind wir heute davon überzeugt, dass wir Farina durch Tanjas Behandlung und die Tipps des Tierarztes noch ein paar erfüllte Jahre schenken konnten.

Die Methoden, die Tanja studierte, sind von jedem Menschen zu erlernen. Völlig unabhängig davon, um welche Art einer Beschwerde es sich handelt, sind manuelle Therapien auch von uns Laien durchführbar. Wenn wir für unser Pferd von qualifizierten Tierärzten oder fähigen Osteopathen eine individuelle Diagnose erhalten, können wir eine ganze Reihe an Techniken erwerben, um die gesundheitlichen Beeinträchtigungen unserer Tiere mit unseren eigenen Händen zu behandeln.

Da unsere Pferde so unterschiedlich sind und mögliche Beschwerden unserer Tiere gleichfalls sehr vielschichtig sein können, will ich die verschiedenen Möglichkeiten hier nicht alle aufzählen; der Rahmen dieses Buchs würde damit gesprengt werden. Ich denke ganz einfach, dass Sie die Chance haben, Ihre eigenen Möglichkeiten, Ihr eigenes Wissen durch die Hinweise etwa eines Osteopathen um einen erheblichen Teil zu erweitern. Bitte entscheiden Sie selbst für sich, ob Sie diese Dienstleistung für Ihr Pferd erbringen wollen.

Auf den Farbtafeln XXVIII bis XXXI stelle ich Ihnen die Arbeit von Tanja anhand einiger Bilder vor.
Achtung: Diese Untersuchungen sind nicht zur Nachahmung geeignet, da es sich um die Diagnostik handelt. Sofern Sie Ihr eigenes Pferd bedarfsgerecht behandeln wollen, sprechen Sie bitte einen Osteopathen in Ihrer Nähe an.

Der Spiegel

In unserem menschlichen Alltag passiert es ab und zu, dass wir uns selbst in einem Licht sehen, das unser tatsächliches Ich nicht hundertprozentig zum Ausdruck bringt. Dann geraten wir an Grenzen, wo wir so mancher Fehleinschätzung unterliegen und Ziele nicht erreichen. Unsere Vorhaben und Pläne misslingen dann, obwohl wir über die Fähigkeiten verfügen, sie erfolgreich abschließen zu können. Unter Menschen haben wir dann manchmal Glück, wenn uns ein wohlgesinnter Freund reinen Wein einschenkt. Nach dessen Predigt orientieren wir uns neu und die Aufgaben gehen uns wieder besser von der Hand.

In der Zeit, in der wir mit unseren Pferden zusammen sind, haben wir bereits einen ehrlichen Partner an unserer Seite, der sehr gerne mit uns zusammen Ziele verwirklicht.

Deshalb appelliere ich an Sie: Hören Sie Ihrem Pferd zu; es zeigt Ihnen Ihr Spiegelbild! Ich bitte Sie dabei nur um eine einzige Sache: Achten Sie darauf, dass Sie beim Blick in den Spiegel nicht das Bild eines anderen Menschen suchen. Sie könnten eventuell fündig werden.

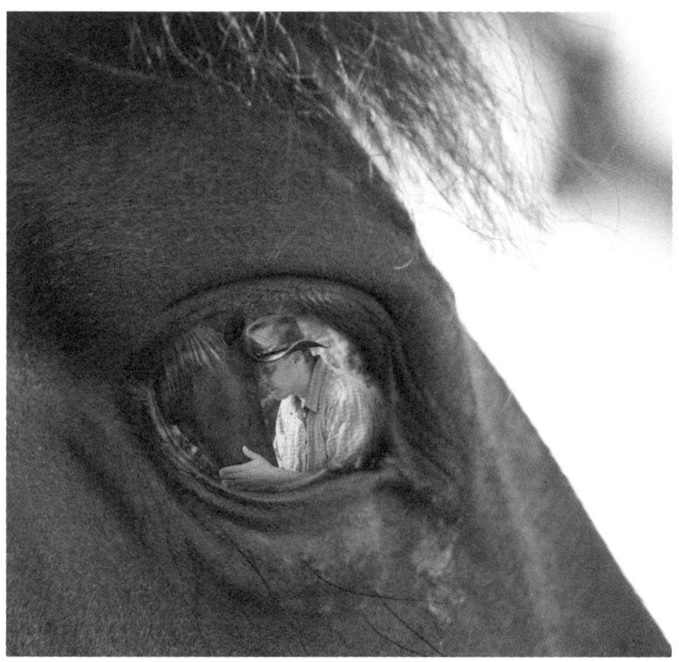

Zum Schluss möchte ich Sie um Ihre Rückmeldung bitten: Besuchen Sie meine Seite *http://www.leit-tier-art.de* und teilen Sie mir Ihre Eindrücke zu diesem Buch mit.

Dafür bedanke ich mich im Voraus und wünsche Ihnen eine erfolgreiche Arbeit mit Ihrem Pferd. Denken Sie daran: Die Arbeit mit Ihrem Pferd darf und soll Ihnen Spaß machen, auch wenn Sie manchmal darüber verzweifeln mögen. In diesem Sinne:

Viel Vergnügen!

Service

Zum Weiterlesen

Aguilar, Alfonso/ Roth-Leckebusch, Petra: **Wie Pferde lernen wollen;** Bodenarbeit, Erziehung und Reiten, KOSMOS 2004
Der Mexikaner Alfonso Aguilar ist bekannt für seine einfühlsame Art, Pferde zu trainieren. Er zeigt anhand vieler praktischer Übungen, wie Pferde in ihrem Wesen begriffen und gefördert werden können.

Bayley, Lesley: **Trainingsbuch Bodenarbeit;** Die Methoden und Übungen der besten Pferdeausbilder, KOSMOS 2006
Alles Gute kommt vom Boden. Denn Bodenarbeit fördert das Körpergefühl, dient der Gymnastizierung und ist ideale Basis und Ergänzung zum Reiten. Hier sind die Methoden der bekanntesten Ausbilder erstmalig in einem Buch beschrieben.

Behling, Silke: **Wie erziehe ich mein Pferd;** Richtiger Umgang mit Pferden, KOSMOS 2007
Dieser Ratgeber zeigt einfach und übersichtlich den richtigen Umgang mit dem Pferd, der für die Harmonie zwischen Mensch und Tier wahre Wunder wirkt!

Ochsenbauer, Ute: **Schwierige Pferde verstehen und fördern;** Probleme als Chance sehen und lösen, KOSMOS 2008
Selbst erfahrene Pferdemenschen stehen sogenannten Problempferden oft ratlos gegenüber. Das muss nicht sein. Die Autorin geht den Ursachen der Probleme auf den Grund, erklärt, was unerwünschtes Verhalten zu bedeuten hat und zeigt anhand praktischer Übungen, wie schwierige Pferde zu freundlichen Gefährten werden.

Rashid, Mark: **Der von den Pferden lernt;** Ein Horseman, der zum Schüler seines Pferdes wird, KOSMOS 2007
Humorvoll und einfühlsam erzählt der Pferdetrainer, wie er durch sein Ranchpferd Buck einen anderen Blickwinkel für den Umgang mit Mensch und Tier und dem eigenen Leben bekam.

Schöning, Dr. Barbara: **Pferdeverhalten;** Körpersprache und Kommunikation, Probleme lösen und vermeiden, KOSMOS 2008
Diese moderne Verhaltenslehre ist auf dem neuesten Stand der Forschung. Sie erklärt wissenschaftlich fundiert und für jedermann verständlich, wie und warum Pferde ein bestimmtes Verhalten zeigen und welche Konsequenzen dies für einen artgerechten Umgang hat. Neben dem Normalverhalten werden auch problematische Verhaltensweisen aufgegriffen und pferdefreundliche Trainingsansätze vorgestellt.

Thiel, Ulrike: **Die Psyche des Pferdes;** Sein Wesen, seine Sinne, sein Verhalten, KOSMOS 2007
Wer weiß wirklich, wie Pferde fühlen und wie sie das Gerittenwerden erleben? Ein Blick in die Psyche des Pferdes vermittelt überraschende Einsichten und beantwortet viele Fragen: Warum lassen sich Pferde nicht belügen? Warum sieht das Pferd den Reiter nicht immer als Partner, sondern auch als Raubtier? Warum ist Balance für Pferde lebensnotwendig? Lernen Sie, die Welt mit den Augen des Pferdes zu sehen!

Welz, Heinz: **Entdecke den Horseman in Dir;** Elf Schritte zu Gelassenheit und Sicherheit, KOSMOS 2003
Ein „Horseman" versteht, wie Pferde denken und fühlen – Kommunikation und Einfühlungsvermögen sind dazu der Schlüssel. In elf leicht nachvollziehbaren Lernschritten weist Ihnen der Autor den Weg zum wahren „Horsemanship".

Nützliche Adressen

Michael Dauth
http://www.leit-tier-art.de

Tanja Dauth
Pferdeosteopathin (COS)
Schatzi, Du bist mein bester Kumpel! Danke für Deine Geduld und dass Du Dich so fürsorglich um unsere Pferde kümmerst.
http://www.pferdeosteopathie-ka.de/

Pferdepension Ferme des Tilleuls
http://www.ferme-des-tilleuls.eu/

Andrea Emmelmann
Andrea, ohne Deine fotografische Begleitung wäre dieses Buch nicht entstanden! Vielen Dank für die tollen Bilder!
http://www.shadow-horse.de/

Deutsche Reiterliche Vereinigung
Bundesverband für Pferdesport und Pferdezucht
Fédération Equestre Nationale (FN)
Freiherr von Langen-Str. 13
D – 48231 Warendorf
Tel.: ++49 (0)25 81/63 62-0
E-Mail: fn@fn-dokr.de
www.pferd-aktuell.de

Vereinigung der Freizeitreiter und -fahrer in Deutschland (VFD)
Zur Poggenmühle 22
D – 37239 Twistringen
Tel.: ++49 (0)42 43-942 4 04
E-Mail: gs-bv@vfdnet.de
www.vfdnet.de

Bundesfachverband für Reiten und Fahren in Österreich (BFV)
Geiselbergstr. 26–35/Top 512
A – 1110 Wien
Tel.: ++43 (0)1/7 49 92 61-13
E-Mail: office@fena.at
www.fena.at

Schweizerischer Verband für Pferdesport (SVPS)
Papiermühlestr. 40 H
Postfach 726
CH – 3000 Bern 22
Tel. ++41 (0)31/3 35 43 43
E-mail: info@fnch.ch

Register

Bildnachweis
Mit 93 Farbfotos und einem Schwarzweißfoto von Andrea Emmelmann, Horst Streitferdt/Kosmos und aus dem privaten Archiv von Tanja und Michl Dauth.

Impressum
Umschlaggestaltung von eStudio Calamar unter Verwendung von zwei Farbfotos von Horst Streitferdt/Kosmos.

Mit 93 Farbfotos und einem Schwarzweißfoto.

Gedruckt auf chlorfrei gebleichtem Papier

ISBN 978-3-440-12062-0
Redaktion: Sabine Hacker
Projektleitung: Alexandra Haungs
Produktion: Claudia Kupferer
Printed in The Czech Republic / Imprimé en République Tchèque